田淵俊彦
Toshihiko Tabuchi

混沌時代の新・テレビ論

ここまで明かすか！ テレビ業界の真実

JN107864

ポプラ新書
252

はじめに

私は37年間、テレビ東京という弱小テレビ局に勤め、そのすべての年月を番組作りに費やしてきた。海外を中心にドキュメンタリー制作を30年以上続け、後年はドラマ制作のプロデューサーとして多くの企画を番組化した。

本書では、その間に経験したことを読者のみなさんに余すところなくお伝えしよう。

最初に、テレビに関するある調査のデータを紹介したい。NHK放送文化研究所が2020年におこなった「国民生活時間調査」である。

その調査によると、平日の1日のうちいずれかの時間帯にテレビを見る国民の割合は79%である。これは2015年の85%から6ポイント減少している。また、10~20代においてはほぼ半数が「テレビを見ていない」という結果であった。

次に、株式会社アップデイトが運営する「otalab（オタラボ）」が2023年5月におこなった調査を見てみよう。

実家暮らし以外の47都道府県在住のZ世代（調査対象：18~27歳）の74%が「家にテレ

ビがある」と答え、半分以上の52％が「ほぼ毎日、テレビを使用する」と答えた。「Z世代」とは1990年代半ばから2010年代序盤の間に生まれた世代で、だいたい12歳から28歳ぐらいにあたる。

これらの結果を分析してみる。

10～20代の若者はまだ親元にいるため、「家にテレビがある」という選択肢は家族がテレビを所持しているという物理的なことをあらわしているに過ぎない。また半分以上の52％が「ほぼ毎日、テレビを使用する」という数字は、前者の調査のほぼ半数が「テレビを見ていない」という結果に符合する。

したがって、「年齢が上がると、テレビを見るようになるのではないか」という推測は楽観的だ。

テレビを見る絶対数は確実に減っている。今後「テレビよりインターネット」という生活習慣に慣れた10～20代が40代になったときに、どのような結果になってゆくのかは予断を許さない。

インターネットやデジタル機器がある環境で生まれ育った世代**「デジタル・ネイティヴ」**が社会を占めてゆく。それは私たち人類にとって初めての経験だ。

大学の授業で、私は学生たちにアンケートをとってみた。

「テレビは**オワコン**（終わったコンテンツ）だと思うか？」

するとと「自分はあまりテレビを見ない」と前置きしながらも、85％の学生が「オワコンではないと思う」と答えたのだ。

彼らはテレビの「信頼性」をその理由に挙げた。

これは若い世代に「見られなくなってしまった」テレビにとって、光明だ。

だが、テレビはその「信頼性」すら失い始めている。

そうなってしまったとき、テレビは滅びるのだ。

いまはその道を歩みつつある。

テレビの電波は「公共の財産（＝公共財）」であり、国民一人ひとりのものである。これは放送法や電波法などの法律でも定められている。

またテレビは「放送文化」として、私たちの身近な存在であった。

しかし、２０１９年に広告収入においてインターネットに逆転され、いまやオールドメディアという名前そのものの「オワコン」と揶揄されている。

なぜ、テレビの権威は失墜してしまったのか。

37年間、テレビ局の番組制作現場でつぶさにテレビを見続けてきた私がテレビ局を離れたいまだから話せるテレビ局の実態を伝え、その「真の姿」をあぶり出す。

「テレビ」は社会の縮図である。

テレビを解読することは日本そのものを解読することにほかならない。もしテレビが「腐敗」して〝終わった〟メディアとなってしまっていれば、本書は「日本社会の腐敗」を鋭く指摘するものになる。

では、本当にテレビは腐敗しているのか。

そしてもし腐敗しているとしたら……。

それらの疑問を徹底的に解き明かしながら、テレビや社会全体の未来を照射する。

さらには、テレビ局だけの話にとどまらず社会との関わりについて、そして「テレビの腐敗」「テレビの終焉」というデメリットや悪い面から見えてくる「メリット」や「よい面」にまで言及してゆく。

メリットは実はデメリットの陰に隠されているものなのだ。

なるべくリアルな実例を挙げることで、世のなかのビジネスマンや若者たちに「逆転の発想」や「ものごとを両面から観る」ことの大切さや重要性を訴えてゆく。

最終的にはテレビの未来を見据えた応援歌とし、閉塞感のあるこの社会全体へのエールとしたい。

第2章　病症Ⅰ：「メディア・コントロール」を受けてしまうという「なさけなさ」

第4章 病症Ⅲ：「何さまだ！」と突っ込みたくなるような強権を振るう「不遜」や「横暴」 139

第5章　テレビは滅びるのか　159

最終章 テレビは生き残れるのか 241

序章

私がテレビに関わることになった「人生の経緯」

不純な動機で、テレビ局を目指す

私は田舎者だ。

「播磨の小京都」と呼ばれる兵庫県ののどかな街、たつの市が私の生まれ故郷である。童謡「赤とんぼ」発祥の地であり、淡口《うすくち》で有名な「ヒガシマル醤油」や「揖保乃糸《いぼのいと》」というそうめんの産地でもある。元々は「龍野市」という漢字だったが、市町村合併によって「たつの市」という無味乾燥で間の抜けた表記になってしまった。

父は高校、母は小学校の先生という教師一家に育った私は、いつも父から「学校の先生になるといいぞ」と言われ続け、「絶対にならない！」と心のなかで誓っていた。だから大学受験は地元から逃げ出すための手段であり、「ひたすら遠くに」という思いから「東京に行きたい」と願っていた。

なんとかその作戦は成功し、私はもっとも教育学部とは程遠いと勝手に思い込んだ「法学部」に潜り込んだ。

そんな私がこの年になって「第二の人生」として自ら教育の道を選んだのは、「運命」というか「性《さが》」というべきか不思議な気がするが、これも決められていたことなのかもしれないと最近は感じている。私に教職への道を勧めていた父が亡くなった年に、転職の機会が訪れたからだ。

大学時代の私は「法学部に入ったんだから弁護士くらいにならないと」という甘い考えで法律サークルに所属していたが、まったく勉強しないでバイトでお金を貯めては旅行にばかり出かけていた。

ヨーロッパ一周やアメリカ合衆国一周。アメリカは車で西海岸を起点に東へ大陸を横断して、再び西へ戻った。2か月かけて20，000キロを走破。新車だったレンタカーはボロボロになった。

ゼミは刑法と少年法、そして死刑存廃論が専攻だった。「刑務所見学」と称して各地を巡る学外授業が、私にとっては大きな楽しみのひとつだった。

あるときゼミで、「テレビドラマが少年犯罪に与える影響」というテーマの研究をすることが決まった。

私たちのグループはゼミの卒業生の先輩のなかからテレビ局に勤務している人を担当することになり、テレビ朝日の『土曜ワイド劇場』という二時間サスペンスドラマのプロデューサーを訪ねて話を聞くことにした。

そこで聞いた話は私にとって「目から鱗」のことばかりで、とても刺激的に思えた。

生意気なことに、将来に関して「毎日同じことをやるサラリーマンは嫌だなぁ」なんて考えていた私にとって、テレビ局の仕事は輝いて見えた。どんな仕事であっても毎日が同じではない。やりようによっては刺激的であるはずだ。それは自分自身の気持ち次第だ。そんな当たり前のこともわからないほど、「若造」だったのだ。

「テレビ局に行けば毎日、違う人と出会い、違う環境でおもしろい仕事ができる」と思い込んでしまった。

だが、そんな不純な動機でテレビ局を「憧れの存在」としてしか見ていない私のような学生をやすやすと受け入れるほど、テレビの世界は甘くない。

当時は「セミナー」という名の青田買いが活況だった。いまの「インターンシップ」のようなものだ。

たまたま日本テレビのセミナーに参加することができたりもしたが、採用試験に進む選考においては箸にも棒にもかからなかった。

当然である。

東横線の都立大学駅近くに住んでいた私は、自分のアパートの前にある家の娘さんの家庭教師をしていた。

ある日、私がテレビ局志望だと聞いたその家のお父さんが、自分はフジテレビの横澤《よこざわ》彪《たけし》氏と知り合いだと教えてくれた。

横澤氏は当時、『オレたちひょうきん族』や『笑っていいとも！』という大ヒット番組を手がけるフジテレビのプロデューサーだった。番組にも登場するほどの有名人でもあった。

「そんな人なら、コネが利くに違いない」

光明を見た私は、そのお父さんに頼み込んで横澤氏からフジテレビの「プロデューサーセミナー」の応募ハガキを手に入れた。ハガキの隅には特殊なインクで細工がしてあった。そのハガキを出した人は〝確実に〟セミナーに参加できるという「魔法の代物」だ。

ちなみに言っておくが、現在はそんなことはあり得ない。当時は、何でもありの時代だった。

そのフジテレビのセミナーで、私は最終選考までたどり着いた。

午前中は健康診断で、採血までおこなうほどの念入りなものだった。

「もう、これで安心だ」

安堵した私は気が緩んだのだろう。その日の午後の、ほとんど役員への「面通し」のような面接でミスをしてしまったのである。

会場に入ると、正面の巨大な窓をバックにずらっと重役が並んで座っていた。10人はいただろうか。そしてスーツ姿ばかりの真ん中で、ひとりだけ白いポロシャツを着て真っ黒に日焼けをした精悍な人物がふんぞり返っていた。鹿内春雄氏である。

鹿内春雄氏は、その年の1985年6月にフジテレビ、産経新聞社、ニッポン放送を束ねるフジサンケイグループの議長に就任したばかりだった。話題となった統一シンボルの「目玉マーク」など、大改革の旗手として気炎を吐いていた。

ひと通りのそつのない「いかにも最終面接」といった感じの質疑応答が続き終盤に差しかかったころ、それまで黙って聞いていた鹿内氏が私の履歴書を取り上げて突然口を開いた。

「田淵君は、ずいぶん女性っぽい字を書くね。性格も女性っぽいのかな?」

いまだと完全にアウトな質問だが、当時はそこまでナーバスではなかった。しかし、私はこの言葉に〝カチンと〟きた。

そして答えた。

「いえ、そんなことはありません」

それにかぶせるように鹿内氏「いや、そうだろう」、私「そうではありません」……沈黙が続き、誰かの「ゴホン」という咳払いが聞こえたかと思ったら、

「もう結構です。お疲れさまでした」と面接室の外に放り出された。

まさに青天の霹靂であった。

いまなら「そういう面もあるかもしれませんが、逆にそういった女性的な一面も武器にしてゆきたいと思います」といったような優等生の返答ができるが、当時の私はそんな機転が利かなかった。

というより、完全に「なめていた」のだ。テレビ局も相手も。

結局、私はフジテレビの最終試験で血まで採られて、落とされた。

自業自得だった。

しかし、そのおかげでテレビ東京に入れた。直後は荒れてかなり恨んだが、いまでは鹿内氏に感謝している。

ボロボロのテレビ局に入社する

その後、私は在京キー局である「民放5局」のうちで〝びりっけつの〟テレビ東京になんとか滑り込むことができた。

当時、テレビ東京は東京タワーの下にある芝公園スタジオというボロボロの建物が社屋だった。しかもそれは東京タワーの運営会社である日本電波塔の持ちもので、家賃を払って借りていた。「あまりにもイメージが悪い」ということで、入社試験は近くのきれいな貸しビルでおこなわれるほどだった。

それを聞いて、入社したころの私は「大丈夫かなぁ、この会社」と思ったものである。

だが、幸運なことに、ちょうど入社した1986年に神谷町の新社屋に引っ越しをした。「新社屋一期生」となった私は少し気を持ち直したが、このビルも「日経電波会館」という名前がつけられていて、親会社の日本経済新聞社からの賃貸であることをのちに知ってがっかりした。

入社した同期は17人。数週間かけていろいろなセクションを回って研修をするのだが、「制作局」（当時は「演出局」と呼んでいた）「報道局」「スポーツ局」の3つの現場に配属されるのはごくわずかである。

どうしても制作現場に行きたかった私は、手書きで（もちろん、当時はPCもワープロもない）企画書を書いて毎朝、演出局長が出社する前に机の上に置いておくという作戦に出た。

これは功を奏して、私は演出局に配属された3人のうちのひとりとなった。

あとで聞いた話だが、私はどうやら「営業局配属」と決まっていたらしい。研修で営業局に行った際に目をかけてくれた営業幹部に「お前を引っぱったのに」と愚痴を言われたからだ。私の代わりに営業に配属になった同期からは「お前の身代わりになった」とずいぶん恨み節を聞かされた。

1年目は『いい旅・夢気分』という旅番組で、上から4番目（要は一番下っ端）のADだった。いろいろなディレクターについて一年中、旅をしては編集して放送するということを繰り返していた。三脚を担いで走りまわる横で楽しそうにはしゃぐカップルや家族連れを横目で見ながら、私はうらやましくて仕方がなかった。

2年目は、『にっぽんの歌』という演歌番組と『ヤンヤン歌うスタジオ』というアイドル歌番組についた。着実に「華やかなテレビマン」への道を歩んでいた。

入社して6年目の1992年6月、思いもよらぬことが身に降りかかった。テレビ東京制作（略称：プロテックス）という関連会社に出向を命じられたのである。いまでこそテレビ東京制作は立派な会社だが、当時はまだ設立されて5年のしかも「子会社」だ。私のような若い社員が出向することなど、それまでにはなかった。

「飛ばされた」

正直な感想だった。

いかにもこの〝負け組っぽい〟出来事がその後の私の運命を変えることになるとは、そのときは思いもよらなかった。

「虚と実」を極めた、37年間

子会社出向をきっかけに本社という「しがらみ」から解き放たれた私は、自由でのびのびとした環境で、自分の新しい可能性を開拓してゆくことになる。

そのあたりの経緯は、拙著『弱者の勝利学 不利な条件を強みに変える〝テレ東流〟逆転発想の秘密』（方丈社刊）に詳しいのでここでは省略するが、そのときの気持ちの根底にあったのは「このままではヤバい！」という焦燥感だった。

結果的に、私はそれまでの旅番組や歌番組といったバラエティとは一変して、ドキュメンタリーという分野を極めることになる。

主に手がけたのは海外をフィールドとした紀行ドキュメンタリーや自然ドキュメンタリーであったが、ほとんどの番組を自ら企画し、100本以上の作品（大半が特番）を30年以上作り続けた。このときにずいぶん役立ったのが、学生時代に勉強もせずに出かけていた旅で得たノウハウや感覚だった。人生には無駄なことはないのだと思い知らされた。

気がつけば、訪れた国は100か国を超えていた。

文明国はほとんどなく、途上国ばかりだった。

秘境の地に住んでいるマイノリティである少数民族の人々の営みや文化、習慣に夢中になった。彼らの研ぎ澄まされた「生きざま」に人間としての「原点」を垣間見たからだ。「世界初」と言われる場所にも幾度となく足を踏み入れた。

インドの奥地ナガランド、インドと中国の国境地帯ザンスカール、中国の辺境ムーリ、ネパールの北西部フムラ、など。

日本から出ると、1か月や2か月は帰ってこなかった。企画書を書き、ロケに出かけ、帰国して編集をして放送する。そんなことを2、3回繰り返すと1年があっという間に過ぎた。

仲代達矢氏や役所広司氏などの日本を代表する俳優とも旅をする機会を得た。

会社員としての自分や、テレビ局の成りゆきなどどうでもよかった。「どこに行くか」「どの民族に会うか」、それによって「視聴者が驚くようなどんな番組を作るか」、そのことにしか興味がなかった。人生で一番ものごとに没頭し、集中していた時期かもしれない。それはきっと幸せなことなのだ。

後年は、社会派ドキュメンタリーにも取り組むようになった。連合赤軍、高齢初犯、ストーカー加害者、発達障害、少年犯罪、さまざまな問題の解決に映像がどう関わることができるのかを模索し続けた。

制作会社に所属していたので、テレビ東京以外の局の番組も数多く手がけることができた。これも貴重な経験となった。

だが、ドキュメンタリーの世界に魅了されながらも、同時に私はドキュメンタリーという表現方法の「限界」を感じていた。

ノンフィクションでは描けない現実や真実がある。

ドキュメンタリーは目の前にある「事実」に創り手の解釈を加えて作品として作り上げるものだが、「事実」が不明な場合や推測や想像をするしか方法がない場合がある。そんなときにはドラマの力を借りるのが効果的だと気がついたのだ。

例えば「子どもの貧困」という問題がある。これをドキュメンタリーとして表現しようとすると事実を描くしかないため、どうしても暗い側面が強調される。しかし、これをドラマで表現することができれば、暗い面だけでなく明るい未来や希望が描けるかもしれない。表現の可能性が広がるのだ。

しかも、そういったフィクション表現のなかにも、ものごとの真実は潜んでいる。

ドキュメンタリーを極めるだけでは不充分だ。私はそう確信していた。

「事実」に自分なりの解釈を加えた「真実」を表現するためには、ドラマの手法も突き詰めなければならない。

ドキュメンタリー制作においては、私は企画立案から予算管理までをおこなうプロデューサーと現場のディレクターを兼ねていた。現場至上主義の私にとって、ほかのプロデューサーから作品の内容をとやかく言われたり予算の使い方を指図されたりすることは我慢できないことだった。

とにかく、ワガママだったのだ。

プロデューサーとディレクターを兼務するということで生まれる矛盾にも苦しんだ。現場に行ったとき、「いい絵を撮るためにはもっと制作費を使いたい」というディレクターとしての自分と「これ以上、お金を使ったら赤字になるからヤバい」とリミットをかける自分がいて、心のなかで葛藤が起きるのだ。

そういった焦燥感を解消するために、ドラマ制作においてはプロデューサーに専念することにした。ドラマはたいてい、ドキュメンタリーより制作費がかかる。それに応じて気持ちの軋轢も増すので、精神的につらくなることは目に見えていた。

ディレクターは〝ミクロの〟視点において優れている。それに対して、プロデューサーは〝マクロの〟視点を持っている。年を重ねるにつれ、これまでと違う視野やより広い視野でものごとを観る必要性も感じていた。

プロデューサー業に専念することで結果的に制作効率は向上し、十数年の間に私は40本以上のドラマ作品を企画・プロデュースすることができた。

プロデューサーだけを務めるときに私が徹底したのは、「他人の企画はやらない」ということだった。自分で企画・立案をするものだけを丹念に、丁寧に作り上げることにこだわった。これは、ともすれば〝反〟組織的な背徳行為である。周りから見れば、ずいぶんと〝不遜で〟〝生意気に〟映っていたことだろう。本来、会社というのはお互いが助け合っていかなければ歯車は回らないからだ。

しかし、私には時間がなかった。

自分のやりたい作品を実現する。自分の表現したい映像を作り上げる。そのための時間はいくらあっても足りなかった。

そんながむしゃらで馬車馬のような現場人生を過ごして、いつの間にか37年。

ドキュメンタリーとドラマという「虚実を包容する」両者を極めてきて、それによる「糧」とも言える以下の2つの大きな力が身についた。

1. ものごとを〝両面から〟観る力

見えている面だけが「事実」ではない。その裏側に潜んでいるものこそが、実は重要なのだ。しかも、人は不都合なものほど裏に隠したがる。だから、ものごとの両面に気がつくことが必要だ。

2. 見えていない部分を想像する力

裏側に潜んでいるものを見抜くためには、想像力が必要だ。「隠されているとしたらそれは何なのか」「なぜこれは隠されているのか」といったことを想像できないと、真の姿は見いだせない。

本書においては、これらの2つの力を駆使して、テレビの実像に迫ってみたい。

さらに最近、**「立場の変化」という大きな武器**が手に入った。

大学というアカデミーの世界に入ったことで、テレビ業界から距離を置いた状態でテレビというものを客観的に観察し、かつまた〝忖度なく〟吟味することができるようになった。このメリットは大きい。

さあ、準備は整った。

それではいよいよ私と一緒に、テレビを解体し、徹底的に分析する旅に出かけよう。

第1章 テレビ業界から流出する「人材」

人材流出が止まらない

2023年に入って、テレビ局の人気アナウンサー退社ラッシュが続いている。フジテレビの三田友梨佳氏、NHKの武田真一氏、テレビ東京の森香澄氏、朝日放送のヒロド歩美氏、日本テレビの篠原光氏、みな各局の看板アナである。

かつてはテレビ局を辞めるといえば「何か問題を起こしたのか?」と勘繰りの声が上がったが、彼らはそうではない。

三田氏は「ミタパン」と呼ばれ愛され、退社を惜しまれた。ヒロド氏は関西のテレビ局所属でありながら全国的な知名度があり芸能事務所の争奪戦も予想されたが、現在はフリーとして活躍している。森氏はインフルエンサーになるという目標があり、SNSのフォロワー数は90万とも100万とも言われている。篠原氏はeスポーツキャスターの道に進んだ。

これまでにも、元TBSの国山ハセン氏はビジネス動画コンテンツのプロデューサー、元日本テレビの桝太一氏は同志社大学の研究員、元テレビ朝日の富川悠太氏はトヨタ自動車に入社するなど、テレビ業界から離れる人も多い。

テレビ局から流出する人材はアナウンサーだけではないのだ。

私もテレビ東京からこの2023年3月に退社した組だが、テレ東だけでも2021年に『ゴッドタン』などの佐久間宣行氏、2022年に『ハイパーハードボイルドグルメリポート』などの上出遼平氏、2023年に入ってからも『家、ついて行ってイイですか？』などの高橋弘樹氏、『YOUは何しに日本へ？』の村上徹夫氏が退社した。

このように、**有名、有力社員の退社が相つぐのはなぜなのか**。

かつてテレビ局に勢いがあったころは、互いの引き抜き合戦が激しくおこなわれたことがあった。フジテレビのドラマ全盛期には、大量に日本テレビからヘッドハンティングをおこなったという噂である。

実際に私もある局から誘いを受けて、「社長面接を受けてほしい」と言われたことがあった。そのときにはかなりの接待攻勢を受け、入社後の待遇や条件まで具体的に提示されて、一瞬気持ちが揺らいだ。

2000年代の初めには、各局の局次長クラスは「他局の優秀な人材を探し出してどんどん入れろ」と会社から命じられ、リクルーターのような役目を担っていた。

優秀な人間は他局に移動してもテレビ番組を作り続け、独立してフリーや別会社の立場になったとしてもテレビに関わり続けた。いわば、テレビ業界のなかで人材が還流していただけだった。しかし、いまは違う。

優秀な人材が、テレビ業界の外へと流出しているのである。映像制作を続ける選択をしながらもその主戦場は「地上波テレビ」ではなく「ネット」であるとか、制作能力や経験を番組作りではないところに活かそうというケースが増えている。

私は60歳という定年を前にして、「第二の人生」を歩むべく早期退社をした。だが、30代や40代の一番活躍できるはずの年齢に会社を辞めるということは、**「その会社では活躍できない」もしくは「活躍する場がない」と思ってしまった**からだと考えられないだろうか。

もしそうだとすれば、それはなぜなのか。

このあと、本書で詳しく探ってゆきたい。

テレビマンが局を辞める理由

現役バリバリの力のあるテレビマンがテレビ局を辞める。

理由としては、「ほかにやりたいことがある」ということもあるだろう。しかし、映像制作を続けたいと思いながら辞める場合には、以下の3つの大きな理由があると私は考えている。

1. 現場に残っていたいから＝番組制作を続けたい
2. 映像制作の可能性が広がった＝テレビ局にいなくてもよい＝いないほうが自由に伸び伸びとできる
3. テレビ局に愛想を尽かした

1.については、番組制作を続けたいのであれば続ければいいではないかと読者のみなさんは思うだろう。「現場に残る、残らない」は本人の意思次第ではないのか。そう考えるのが普通だ。

しかし、いまのテレビ局では、**人事に関して自分の希望が通ることは、ほぼない。**一昔前のテレ東であればそういった風潮もあった。「やってみれば？」という「おおらかさ」もあった。現在ではそれは皆無に等しい。

なぜなのか。

2.の映像制作の可能性が広がったというのは、例えばかつてはバラエティ番組を制作したいと考えると地上波テレビという「場」しかなかったが、いまはそうではないといったようなことだ。

Amazon（アマゾン）やNetflix（ネットフリックス）をはじめとした配信プラットフォームにおいてもバラエティ番組を作り発表することができる。逆に、テレビ以外のほうが制約がなく振り切った番組ができる可能性が高い。

誰もが気がついているように、それは地上波におけるコンプライアンス遵守の気運が年々高まっているからである。

英語のcomplianceには「（要求・命令などに）応じること、応諾、追従、人の願いなどをすぐ受けいれること、迎合性、人のよさ、親切」という意味がある（『weblio』より）。

日本では、要約して「ルールを守る」という意味に使われる。

ルールには日本や世界で決められた法律をはじめとして社内ルールなどもあるが、もっとも判断が難しいのが〝道徳的に〟守らなければならないとされるルールである。法律に違反していなくても、〝人としての〟ルールを守るというのがコンプライアンスの考え方だ。そのために昔のように斬新な番組やとんがった企画ができなくなってしまった。

なぜそんなふうに、情報モラルの制約が厳しくなってしまったのか。これについても本書で突き詰めてゆこう。

3．の愛想を尽かしたという理由に関しては、さまざまある。
好きだった人に対して急に冷めてしまうというのも、いろいろな原因がある。なかには、お金の問題があるかもしれない。〝ケチな〟相手を好きな人はなかなかいないだろう。

また、思い込みや好印象が強ければ強いほどその気持ちを裏切られたときのショックは大きい。好きだと思っていた相手「テレビ」に愛想を尽かしてしまったのはなぜなのか。その真実に迫ってみたい。

まず「1．現場に残っていたいから＝番組制作を続けたい」という思いをまっとうできない理由から検証してゆく。

「就職人気ランキング」に観る、テレビ局の衰退

テレビ業界というとかつては花形だった。

私が大学を卒業してテレビ東京に入社した1986年当時はテレビ局の人気も高く、マスコミセミナーという名の「青田買い」が盛んにおこなわれていた。

文化放送キャリアパートナーズ就職情報研究所の発表によると、学生が働きたい企業を調査した「就職ブランドランキング」では2007年、2008年、2010年（いずれ

も卒業予定年）それぞれの前半総合で、フジテレビが全企業中１位を獲得している。

しかし、２０１０年の後半総合には、フジテレビは12位にランクダウン。当時の就職難のあおりを受けて安定志向が好まれ、テレビ局のランキングが下落したのだ。

ワークス・ジャパンが２０２１年の卒業生を対象におこなったアンケートで、在京キー局中最小のテレビ東京が業界トップに立ったというニュースは業界内を沸かせた。だが、企業全体においては51位に過ぎない。

２０２２年前半総合の「就職ブランドランキング」においてはテレビ業界のトップはＮＨＫに変わり、その全体順位は80位へと後退した。

２０２３年前半総合は再びテレ東が業界トップとなったが、全体順位は１０９位へとさらに下がった。ちなみに、２０２４年前半総合ではどうかというと、フジテレビが業界トップに返り咲いたものの、全体順位は１５０位である。

つまり、この15年の間でテレビ局の人気は「1位（２０１０年前半）→12位（２０１０年後半）→51位（２０２１年）→80位（２０２２年前半）→１０９位（２０２３年前半）→１５０位（２０２４年前半）」と着実に下がり続けている。

このような推移が、いかにテレビ業界が吸引力を失い人気をなくしていっているかを証明している。「ブランドランキング」の言葉通り、**学生たちに〝ブランドとしての〟魅力**

がないと思われているのである。

人気が低いということはもちろん、優秀な人材も集まりにくい。

私がテレビ東京の新卒採用の面接官をしていたときのことだ。学生が面接会場に持参するエントリーシートの「志望部署」の欄を見て、がく然とした。あまりにも「番組制作現場」を希望する学生が少なかったからだ。

私と同期入社したなかには、「（報道やスポーツを含む）現場」以外のセクションに行きたいと考える者などひとりもいなかった。「テレビ局に入るからには、おもしろい番組を作ってやろう！」とみな意気込んでいた。

いまは社内の部署も多様化して、いろいろなことができる可能性が広がっている。また、学生と話をしていると、いまだに「現場はつらくてブラックだ」と思い込んで敬遠しているようにも感じる。

人気ランキングが下がり始めた14年前にテレビ業界に入ってきた若者たちは、ちょうどいま働き盛りの30代半ばである。そんな世代にとっても、徐々にテレビ局は魅力のないくすんだ存在になってきているのではないだろうか。

ではもしそうだとすると、なぜ「くすんだ存在」になってしまったのだろうか。

私は**「それはテレビ局自体に問題があるからだ」**と断言する。

テレビ局に〝求められる〟人材

『テレビ東京50年史』によると、私がテレ東に入社した当時は会社の組織もシンプルで、管理部門以外は「技術本部」「制作本部」「編成本部」「営業本部」「事業本部」という5つの本部制であった。

現在の配信時代とは違って、事業本部には番組をビデオ化するというビジネスしかなかった。

しかし、いまは組織も多様化し、地上波放送後の番組を再利用してゆくセクションが多く誕生している。近年テレビ局に入ってくる若者たちは、制作現場よりこういったコンテンツを運用してゆく仕事に魅力を感じているようだ。

テレビ局に入社しても実際に制作現場に配属されるのはひと握りしかいない。例えばテレビ東京の２０２３年度入社の新入社員は20人だが、そのうち制作局に配属されたのはたったの２人である。

しかもテレ東は**「スペシャリストよりジェネラリスト」**という方針を採っているため、制作現場においても「スペシャリスト」であるディレクター職より「ジェネラリスト」であるプロデューサー職の数のほうが多い。

「スペシャリストよりジェネラリスト」の本意は、ひとつの部署やひとつのスキルの専門家より、さまざまな部署や職種を経験して放送業務に関わるすべての仕事を把握している者を重宝するということである。

そのため局員は入社後3年ごとに人事異動を受けて、いろいろな部署を回ることになる。現在ではその傾向はさらに強まり、長くても2年、短い場合には1年で異動になる。そして**「社内異動をすればするほど、出世をしてゆく」**という構図ができ上がる。

特にテレ東では最近はテレビ番組をマネタイズする部署に力を入れているため、その部署に所属する局員が厚遇されるという傾向が強まっている。

すでに「テレビ局＝番組を作るところ」という考え方は、過去のものなのだ。

テレビ局の〝ゆがんだ〟人事

この人事システムの弊害は何だろうか。

「テレビ局に入って番組作りの腕を磨いてやる！」と意気込んで入社した社員が運よく制作現場に配属されたとしても、制作のイロハがわかってきたころに異動させられることになる。

「出鼻をくじかれる」とはこのことで、現場で3年目というとちょうど下積みを経て、任されることも多くなり番組作りがおもしろくなってくるころである。会社の人事命令に異を唱え、「現場にいたい」と主張する道もないわけではない。しかし、そうすると会社人としての人生からは遠ざかってゆく。

いわゆる「出世コースからは外れる」というわけだ。

私はこの道を選んだ。若くして子会社の制作会社に出向していた私は一旦は部長になったが、管理職になることで長期間の海外取材ができなくなることが嫌で「部長職を外してもらいたい」と会社に願い出た。そのときは上司に「何を考えているんだ」とあきれられたが、そのおかげで私は2023年3月にテレ東を辞めるまでの37年間、ずっと制作現場の「いち・クリエイター」でいることができた。

この選択に関しては微塵の後悔もないが、本来こういった申し出は「タブー」である。私のようなわがままをみんなが言い出したら、大変なことになる。

だが、この事例からもわかるように、**テレビ局の人事が「現場に冷たい」というのは事実**である。

こういった風潮を現場にいる若者たちが感じないわけがない。最近では若い人材を制作現場に引き留めておくために、局側は躍起になっている。

いまや「AD」という言葉は死語だと言わんばかりに「YD（ヤング・ディレクター）」や「ND（ネクスト・ディレクター）」という呼称に言い換えている局もあるが、本質が変わったわけではない。

まったくの詭弁である。

テレビ業界から距離を置いて観てみると、ここには「社内人事のバランス」というものが働いていることがよくわかる。

前述したように、テレビ局は入社したほとんどの者が制作現場には行けない。なかには、入社してから退職するまで一度も現場を経験しないで終わる者もいる。ずっと経理や人事、総務といった管理部門で働く人もいる。

もちろん、テレビ局は会社組織なのでそういった役割も必要だし重要だが、そんなセクションの者からすれば、制作現場は「憧れ」やもしかしたら「妬み」や「やっかみ」の対象になっているのかもしれない。

私が旅番組をやっているころは、よく現場セクションではない同期の友人から「田淵はいいよなぁ、仕事で観光地に行けて、おいしいものを食べられて」とまじめな顔で言われたものだった。当時ADだった私に、そんな余裕や暇があるわけがない。

だが、そういった不公平感を払拭するために、**「現場＝出世しにくい」「現場ではない＝**

出世しやすい」という方程式を使って社内人事のバランスやコミュニティとしての整合性をとっているのである。

では、年齢を重ねるにつれて自分の力を充分に発揮できる社内の居場所を失ったクリエイターたちはどうすればよいのか。

学生から見た魅力すらなくなったテレビ局は社会的なステイタスを失い、プライドを保つ要素も見当たらない。そんなとき、ふと「外の世界のほうがよいのでは？」と思ったとしても不思議ではないだろう。

「自分の力を発揮できる場はテレビだけではない。いや、むしろテレビ以外のほうが自由にできるし、力を充分に発揮できるのではないだろうか」と考えるのは当然である。

そんな理由から、近年ではテレビ局を辞める者が増えている。特に制作現場からの人材流出が止まらないのだ。

しかし、そうやって**テレビ局から他メディアに優秀な人材が移ることは悪いことではない。**

私たちテレビ局員は長年にわたってコンプライアンスやメディアリテラシーに関する厳しい訓練を受けてきた。そういったことをしっかりと学んで身につけた人材が、他メディアの発展や成長を支えてゆくことになるからである。

また、テレビ局のクリエイターたちは、制作会社やタレント事務所との間に強固なコネクションを築いている。

かつてテレビの草創期に映画業界から多くの人材が流れ込んだ。同じように、テレビ局だからこそ身につけることができたノウハウを携えた人材が他メディアという枠組みのなかでまた違った新しいコンテンツを作り上げてゆくことができれば、コンテンツの多様性にもつながり映像業界全体の底上げになる。

そう私は期待している。

辞める人間に冷たいテレビ局

次は、テレビ局の人事に関して私が経験した話をしておこう。

私は大学を出て、新卒でテレビ東京に入社した。だから私が退職を経験したのはテレ東だけで、ほかの会社のことはわからない。しかし、おそらく私が感じたことはテレビ局という業界が向かっている方向性を象徴しているのではないかと直感している。

それは、**「去る者に対して冷たい」**という風潮がますます強くなっているということである。もしかしたらそこには、昨今の「辞める人間が多い」という現象に歯止めをかける意図があるのかもしれない。

こんなことがあった。

3月末にテレ東を退社してすぐに、メールアドレスを閉鎖されてしまったのである。@のあとが「tv-tokyo.co.jp」というドメインは社員しか使えない。辞めたとたんにそれが急に使えなくなったのだ。

正直言って、これには困った。私たち制作現場やプロデューサー業というのは機械的に線引きをして「はい、ここで終わり!」というわけにはいかない。「後処理」がいろいろ残っているのに、これまでの仕事相手の人とある日突然コミュニケーションを取る手段を奪われてしまったのである。

特に私の場合は退職したあとも在職中に自分が企画したドラマを手伝っていた。何の意図があってやっているのかまったく理解に苦しんだ。

私がもしテレ東の社長であったなら、「そんなことしないでくれる? 何の得もないから」と言うだろう。「後処理」は立つ鳥跡を濁さないためであり、元いた会社に迷惑をかけないためにやっていることだからだ。

だが、テレビ局というところは一般的な印象以上にとても封建的なコミュニティだ。変な「縄張り意識」も強い。「なんで辞めた人間にいつまでもメールを使わせているのか」

といった考え方があることも、私は身に染みて知っている。

さらにこういうことがあった。

私が退社前に手がけていたドラマプロデュース作品がある。これは私が原案を練り企画書化し、社内の採択を得て制作が決定したものだ。いわゆるこの作品のすべてが私の頭のなかから始まっている。

制作決定後もキャスティングやスタッフィングをおこない、なんとかクランクイン（撮影開始）にこぎつけた。それは２０２３年3月のことで、私が会社を辞める20日前のことだった。

するとクランクインするや否や、そのドラマの宣伝告知などの「プロデューサー表記」から私の名前をはずそうという動きが起こったのである。

これは当時の上層部の指示であったとのちにわかるのだが、それを知ったとき私は怒りを通り越して言いようのない悲しさと脱力感に襲われた。

その幹部は「辞める人間がクレジット（番組内に名前を表示）されるのはおかしいだろう！」と言ったという。

ここにもテレビ局独自の考え方が働いている。

テレビ局はメディアである。いわゆる「情報の宝庫」であり、そのほとんどが機密事項だ。そのため、局を去る人物はすべての情報を置いてこなければならない。そんな「暗黙の了解」がある。

このときの措置は、そういった慣習にどっぷりと浸かった人物が、局を辞める者はその直前までやっていたことであるにせよ作品ですらも〝自分のものでないかのように〟すべてを切り捨てて去らなければならないと判断したものだった。

恐るべきサラリーマン魂と呼ぶべきか、私のほうが甘いと言うべきなのか。あまりにも冷たい仕打ちに、人と人とのつながりで作品を生み出してゆくはずのテレビ局の未来の姿を垣間見た気がしたのである。

と同時に、こうも考えた。

これからは**自分自身でキャリアアップをつかんでゆく時代**である。テレビ局のこういった志向性は、むしろ**滅私奉公的な考えを捨て去るいいきっかけ**になるのではないだろうか。

ここまで冷淡に扱われるとこちらもドライに対応できるし、感傷に浸る必要がなければ辞めることに対する罪悪感や申し訳ない気持ちを抱く必要もない。

そう考えればかえって楽なのだ。未練なくすべてを捨てて、新しい人生を歩むことができる。局を去るときに私と同じような経験や想いをした人は、たくさんいたのではないか。

それはテレビ局にとっていろいろな意味で大きな損失と言えるだろうが、こちらとしては清々した気分という「餞別」をもらったような気がした。

さて次節では、現役バリバリの力のあるテレビマンがテレビ局を辞める3つの理由のうちの「2．映像制作の可能性が広がった＝テレビ局にいなくてもよい＝いないほうが自由に伸び伸びとできる」という点について、検証してゆくことにしよう。

「花形メディア」の座からずり落ちたテレビ

2019年、この年はテレビ業界にとって忘れられない「屈辱の年」となった。

企業がどの媒体（メディア）に広告を出稿する（出す）かという「広告費構成比」は、その媒体のパワーをあらわすバロメーターである。広告主であるスポンサー企業は、当然「広告効果がある＝購買者に一番見られている」メディアに広告を出したいに違いないからだ。

広告代理店・電通が毎年発表している「日本の広告費」によると、2018年の総広告費6兆5300億円のうちテレビメディアが占める割合は29・3％、インターネットは26・9％であった。

しかし、翌年の2019年にはテレビは26・8％に後退し、インターネットが30・3％と逆転した（51ページの図①参照）。

その後もテレビメディアの比率は下がり続け、2022年は25・4%。これに反してインターネットの上昇率はめざましく2021年は39・8%、2022年は43・5%と半数に及ぶ勢いである。

ここでひとつ、はっきりさせておかなければならないことがある。

こういったインターネット広告の好調な推移は社会のデジタル化というものが大きな要因であることは周知の事実であるが、同時に「コロナ禍」という理由を挙げる人がいる。

しかし、新型コロナウイルス感染症発生は2019年12月に中国の武漢市で1例目の感染者が報告されてからのことであり、そのときすでにテレビメディアはインターネットに広告の覇権を奪われているのだ。

もちろん、その後のインターネット広告の著しい伸びはコロナ禍という状況が拍車をかけたことに間違いはない。

だが、**テレビ衰退のきっかけはコロナ禍ではない**。コロナ禍によって人々がインターネット志向に傾いたという分析は、まったく的を射ていない。

では、そのきっかけはどこにあるのか。

私は黒船系配信メディアの来襲が大きな要因になっていると考えている。

図①「媒体別広告費構成比」の推移

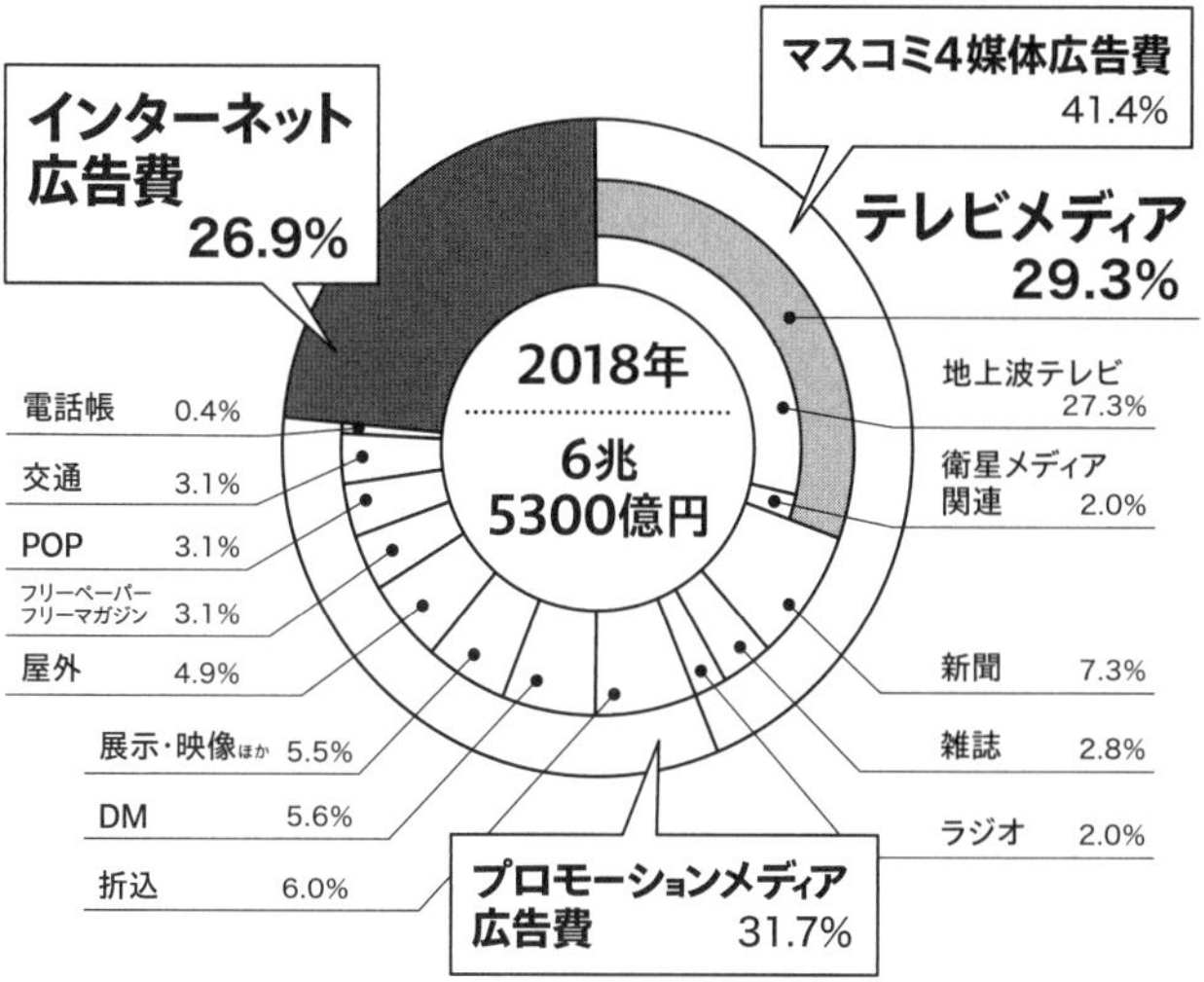
マスコミ4媒体広告費
41.4%
インターネット
広告費
26.9%
テレビメディア
29.3%
2018年
6兆
5300億円
地上波テレビ
27.3%
衛星メディア
関連 2.0%
電話帳 0.4%
交通 3.1%
POP 3.1%
フリーペーパー
フリーマガジン 3.1%
屋外 4.9%
展示・映像ほか 5.5%
DM 5.6%
折込 6.0%
新聞 7.3%
雑誌 2.8%
ラジオ 2.0%
プロモーションメディア
広告費 31.7%

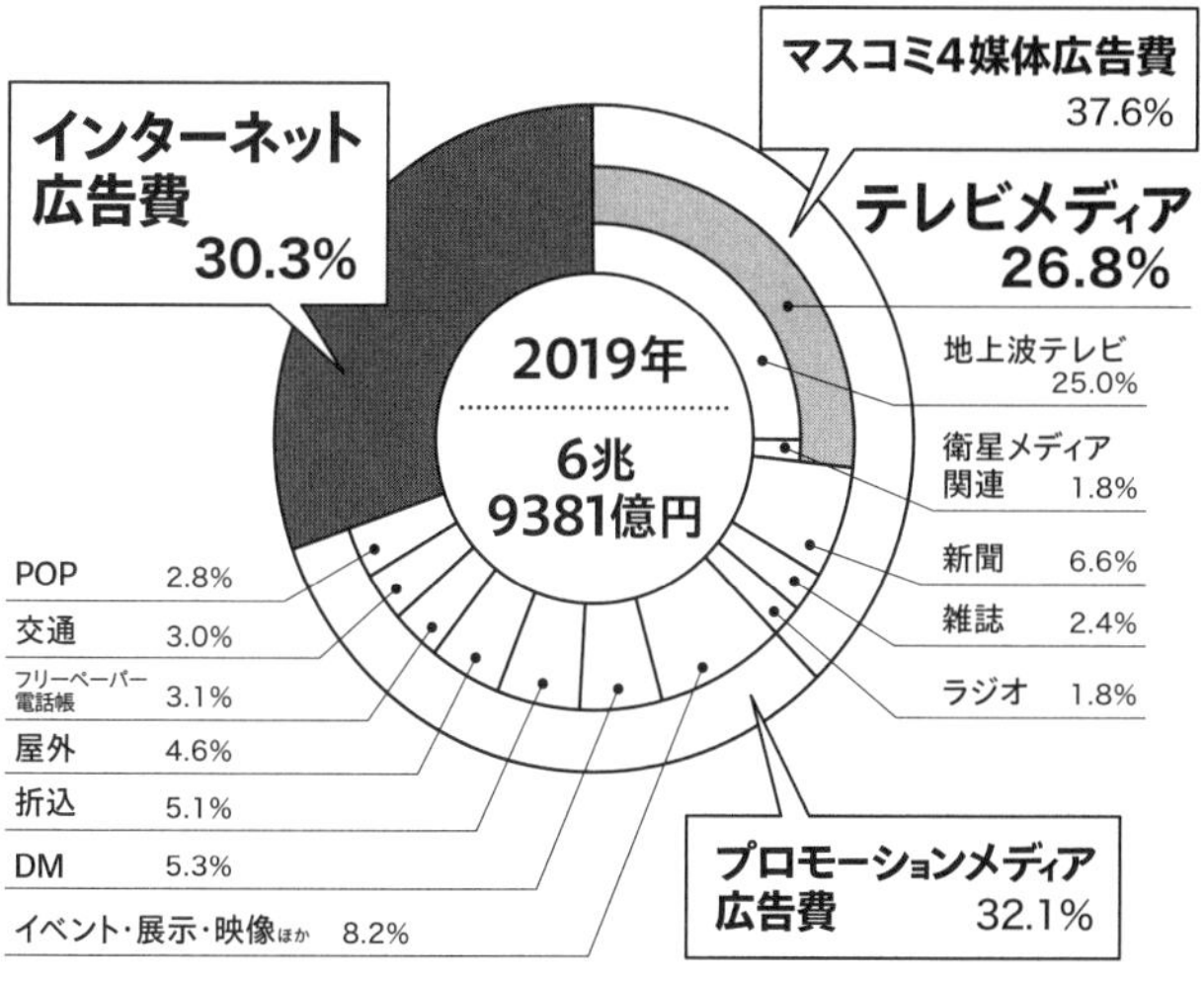
マスコミ4媒体広告費
37.6%
インターネット
広告費
30.3%
テレビメディア
26.8%
2019年
6兆
9381億円
地上波テレビ
25.0%
衛星メディア
関連 1.8%
新聞 6.6%
雑誌 2.4%
ラジオ 1.8%
POP 2.8%
交通 3.0%
フリーペーパー
電話帳 3.1%
屋外 4.6%
折込 5.1%
DM 5.3%
イベント・展示・映像ほか 8.2%
プロモーションメディア
広告費 32.1%

＊電通「日本の広告費」より作画

「黒船」系配信メディアの来襲

日本では、2015年10月に民放公式テレビポータルサイト「TVer（ティーバー）」が始まった。

TVerは民放キー局各社が個別に実施していた無料ネット動画配信（見逃し配信サービス）を共通のポータルから利用できるように改良したものであるが、本来は各局が単独で完結できているのであれば、それをわざわざひとつに統合する必要はないはずだ。

しかし、**そうも言っていられない状況がそのときのテレビ業界にあった**のだ。

「黒船」と呼ばれる海外配信メディアの日本上陸（進出）である。

江戸時代に欧米から来訪した「黒く塗った船」にたとえられ、日本の放送・通信業界を脅かし秩序を乱すとして日本側の強い抵抗を生んだ。2015年8月25日付の日本経済新聞の文面を観れば、当時のメディアの戦々恐々ぶりがうかがえる。

「米国の動画配信大手、ネットフリックスが9月2日から日本で配信を始める。米国を中心に世界約50カ国で6，500万人以上が利用するサービスの到来は『黒船』とも評され、放送・通信業界は固唾をのんで見守る。果たして日本でも人気になる

のだろうか」

しかも、月額の最低料金は本国の7・99ドルより安い650円。2011年に先に上陸した同様のアメリカ系動画配信サービス「Hulu（フールー）」の933円よりも料金を抑えるという徹底した戦略を打ち出した。

ちなみにHuluは、日本では日本テレビ放送網の子会社が運営している。

その後、すでに上陸していたAmazonが同年にプライム・ビデオを始めて、日本には配信プラットフォーム二巨頭が揃った。そして2019年まで4年かけてじわじわと日本のテレビ局の広告収入を奪うようになっていったのである。

もちろん、「当時の動画配信サービスはサブスク（定額課金制）なので地上波の広告収入とは競合しないのではないか」という意見が早計なのはおわかりだろう。テレビは配信に視聴機会を奪われることで、スポンサーにCMを出稿してもらえるチャンスを逃すことになったからだ。

では、実際にテレビ局の広告収入は減っているのか。

グループ売上にだまされるな

テレビ局は、しょせん株式会社である。株主の顔色をうかがい、株価を気にしてその上がり下がりに一喜一憂している。そのため自らの粉飾に余念がない。

民放キー局5社の2023年3月期連結決算を観てみよう。うち3社が純利益において「前期比で増益」と威勢がいい。

トップは前年比88％増で468億円のフジ・メディア・HD（ホールディングス）。増収の残り2社は、10％増で351億円のTBSHD、そして12％増で67億円のテレビ東京HDである。日本テレビHDは28％減で340億円、テレビ朝日HDは21％減で166億円であった。

こうみると、まだまだテレビ局のパワーは衰えていないように思える。

しかし、この「純利益」はグループ会社の連結決算、つまりホールディングス全体のものであることを見逃してはならない。

のちに記すが、民放キー局5社は現在いずれも「HD（ホールディングス）」化している。ホールディングスとは「持株会社」とも言われ、大株主としてグループ企業を管理する形態をあらわす。

そこで親会社のホールディングスではなく、子会社にあたる各テレビ局「単体の決算」を洗い出してみた。

すると、好調であるはずのフジ、TBS、テレ東ともに放送広告収入が前期に比べてそれぞれ6・6％減、2・1％減、5・1％減とすべてマイナスになっているという事実が浮き彫りになったのである。

本来テレビ局の生業は、地上波のCM広告枠をスポンサーに売ることである。

その売上が軒並み減っているということは、すでに「放送業」としての役目を果たしていないと言える。

そして明白なのは、この放送収入は今後減ることはあっても増えることはないということだ。だが、なぜ**放送収入であるCM広告収入がインターネットに奪われているのに、テレビ局は最終的な純利益をプラスにできるのか**。

そこに、テレビ局の未来を示唆するビジネススタイルのヒントがある。

「日本の広告費」に隠された真実

前掲の電通が発表している「日本の広告費」は、どのメディアにスポンサーが広告費を投入しているかというデータである。

つまり、広告が打たれている（出されている）メディア、いわゆる広告ビジネスが展開されている場所をあらわしているに過ぎない。肝心なのは、「インターネット広告費」で利益を得ている「主体」は誰なのかということである。

２０２２年版の「日本の広告費」をさらによく吟味してみると、インターネット広告費における「テレビメディア関連動画広告費」が前年比40％増の３５０億円と大きく伸びているということがわかった。

このうちのかなりを占めているのが、ＴＶｅｒだとされている。

毎年同じようにこの数字が成長すると仮定すると、数年後にはテレビメディアの広告費を抜く可能性もある。

そしてこのＴＶｅｒを使ってインターネットという場所で商売をしているのは、ほかでもない「テレビ局」なのである。

この部分の収入が自局の放送収入の減少を補い、売上の全体を底上げしている。

ドラマ『ｓｉｌｅｎｔ』がＴＶｅｒでの「民放歴代最高」記録を塗り替える４４３万再生という記録を達成したのは記憶に新しいだろう。フジテレビの好調はこの『ｓｉｌｅｎｔ』をはじめとするＴＶｅｒでの広告収入が支えたと言っても過言ではない。

しかし、よく考えてみればこの現象は、チームや国を変えながら活躍するスポーツ選手のようなものだ。映像のメインストリームが映画からテレビに移り変わったように、CMの広告収入を得る場所がテレビの地上波からインターネットの配信に変わっただけと言える。

それを一番よく理解しこれからのテレビ局はそこに活路を求めてゆくだろうといち早く察知したのが、テレビ局の優秀なクリエイターたちであった。

だからこそ、自局に残らずともそういったいわゆる「場外」で活躍できるに違いないと確信し、「映像制作の可能性が広がるであろう」ことを予見し、「テレビ局にいなくてもよい」、逆に「いないほうが自由に伸び伸びとできる」と考えた。

それは至極当然なことだ。

「力」と「自信」を蓄えた猛者たちは活路を求め、テレビ局で養ったノウハウを駆使して新しい分野で挑戦するべく次々に独立を遂げていったのである。

以上の**ＴＶｅｒの事例は、テレ東のようなテレビ局にとっては朗報であった。**

ほかの民放から10年以上もの遅れをとって開局したテレ東は、地上波では常に「見劣り」していたが、配信においては他局と「同期」であり「同等」である。

あらゆる現場において後塵を拝してきた弱小テレビ局にとって、巻き返しを図る意味でこんな好機はない。しかもスタート地点が同じ今度のステージでは、充分に勝負できる可能性がある。

前述した2022年度の純利益におけるフジ・メディア・HDの88%増は、前年度が悪すぎたためにそこからの巻き返しで利幅が増えているだけだという分析もある。

その一方で、テレビ東京HDは2021年度、22年度と続けて前年比134%増、12%増を達成している。着実に利益を積み上げているのだ。

2023年3月期決算時に発表した「通期決算補足資料」からは、その自信のほどがうかがえる。

〈「放送」「アニメ」「配信」のトライブリッド戦略で成果〉売上高、営業利益、経常利益、純利益とも過去最高更新
〈株主還元を推進〉年間配当は80円
〈23年度も増収増益へ〉売上高は3年連続、営業・経常利益は4年連続の増加見込む

かなり鼻息が荒い。

だが、私の古巣であるだけにその内実を知っている身としては、はっきり言ってこの状況を手放しでは喜べない。

「内輪」に近い立場としては、こういったパフォーマンスが痛々しくてたまらないのである。そしてこれこそが次章以降に記す、いま優秀なテレビマンが局を辞める理由の3つ目「テレビ局に愛想を尽かした」の本質なのだ。

この「愛想を尽かした」は、「嫌気がさした」とも言い換えられる。男女や友人の間においても、嫌いになる原因はいろいろあるだろう。なさけない、頼りない、だらしない、強権、傲慢、横暴……。

それらをまとめると、以下のような3つのテレビの病症を挙げることができる。

1．「メディア・コントロール」を受けてしまうという「なさけなさ」
2．異常なまでの「忖度」をするという「だらしなさ」
3．「何さまだ！」と突っ込みたくなるような強権を振るう「不遜」や「横暴」

これらについてつぶさに観ていくことにしよう。

第2章

病症I：「メディア・コントロール」を受けてしまうという「なさけなさ」

既得権益の上にあぐらをかくテレビ局

テレビ局は、公共財である電波を使わせてもらって利益を得ている。そしてその対価として国に「電波利用料」を支払っているが、その額は微々たるものである。この事実は意外と知られていない。

総務省が発表している「電波利用料の区分別収納済歳入額の推移」によれば、2021年の電波利用料の総額は748億円である。だが、そのうちテレビ・ラジオ局が支払っている額は10％に満たない72億円である。85％以上の639億円もの金額を負担しているのは、携帯電話なのである。

どうしてこのような差が生じているのか。

言うまでもなく、テレビ局にとって電波利用は既得権益のようなものであり、携帯電話は電波事業にあとから新規参入してきたからだ。

この事例からもわかるように、テレビ局とテレビ局に放送免許を与える総務省との間には、切っても切れない関係がある。

その事実をまざまざと見せつけられた問題があった。

2014年のことだ。NHKで放送した『クローズアップ現代』において、寺院で「得度」の儀式を受けると戸籍の名を変更できることを悪用した「出家詐欺」が広がっていると報道された。

すると番組内で「ブローカー（仲介人）」と紹介された人物が、「自分はブローカーではなく、記者にブローカーの演技をするように依頼された」と週刊誌に告発したのである。

これに対してＮＨＫ側は、「過剰な演出」はあったが「事実のねつ造につながるいわゆる『やらせ』は行っていない」という報告書を公表した。

それを受けて総務省は、ＮＨＫに「『クローズアップ現代』に関する問題への対応について（厳重注意）」と題する行政指導文書を発出した。

この行為は公権力による放送への介入・干渉とも言うべきものであり、放送法が保障する「自律」を侵害している。

こういった行政の介入によって、テレビ局や局員が「こういうことをしたら、ヤバい」「お叱りを受けるからやめておこう」といったような自主的な報道規制に走ってしまう可能性があるからである。

放送法第４条には、放送において「公安及び善良な風俗を害しないこと」「政治的に公平であること」「報道は事実を曲げないですること」「意見が対立している問題については、できるだけ多くの角度から論点を明らかにすること」と記されている。

これは誤った情報や偏った情報あるいは公序良俗に反するような映像を流さないように自主規制をすることを求めているわけだが、同時に第3条によって編集・放送の自由も認めている。

であるから、テレビ局はむやみに自主規制に走るのではなく、自らの意志によって取材や番組作りに当たらなければならない。

しかし、それがかなえられていないのが現実である。

なぜそんなことが起こるのか。

元凶は以下の2つである。

1. 総務省からの圧力

2. 総務省との癒着

次節からそれらの元凶について、詳しく観ていこう。

総務省からの圧力「総務省接待問題」で見えてきた利害関係

ひとつ目の元凶の「総務省からの圧力」から分析してゆく。

発端は2021年2月。当時、内閣総理大臣であった菅義偉氏の長男をはじめとした放送関連会社「東北新社」の職員たちが総務省の幹部を接待していたことが発覚した問題である。

その後、NTTとNTTデータによっても総務省への高額接待がおこなわれていたことが明らかになった。

ビジネスの現場では、受注者が発注者を接待することはよくあることだ。しかし、この二者間の関係が問題であった。総務省は電波を扱って商売をする通信・放送会社を〝監督する〟立場にあったからである。

この問題は、**総務省が放送と通信の巨大な「電波利権」を牛耳っている**という事実を浮き彫りにした。

日本の放送や通信事業などの電波ビジネスにおいては、欧米諸国のような電波オークションはおこなわれず、総務省が事業を認定するかたちとなっている。そのため、新たに認定が欲しい事業者やすでに認定を得ている既得権を守りたい事業者が、総務省の役人や大臣への接待を繰り返すという悪しき習慣が蔓延している。

「電波オークション」とは、電波を扱って商売をしたい事業者に国が必要な周波数を割り当てる際に、各社から入札をおこなうことである。単純に高値を提示した業者が電波の周波数を獲得できるわけではないが、入札額が当落に大きく影響する。

日本は電波のオークション制を導入していない例外的なマイノリティであり、「ガラパゴス・ルール」とも揶揄されている。

世界では行政府から独立した放送通信規制機関が設置され、その機関が放送免許を出す国のほうが多数である。この役割を果たすアメリカのFCC（連邦通信委員会）は、日本でテレビ放送が始まった1953年より前の1934年に設立されている。

アジアにおいても日本は遅れている。

台湾では、2006年にアメリカのFCCをモデルにNCC（国家通信放送委員会）を設置。

韓国においても、2008年にKCC（韓国放送通信委員会）が設けられている。

政府が直接、放送免許を出す仕組みを持つ国は、G7では日本だけだ。

総務省の電波割り当てでもっとも恩恵を受けてきたのは、テレビ局やその親会社の大手新聞社である。報道機関が電波利権をもらえば行政に頭が上がらなくなるのは当たり前だ。

そしてこれを主導してきたのが、元総理大臣の菅義偉氏である。

菅氏は総務大臣時代から放送・通信行政の制度改革を進め、「電波のドン」として大きな影響力を持ってきた。そしてその力をメディア・コントロールに利用してきた。

「メディア・コントロール」という言葉は、インターネットが盛んになってきた最近では親などの監督者が子どものメディアに触れる時間や内容を制限、管理する意味に使われるが、メディア論的には少し違った意味を持つ。

ノーム・チョムスキー氏は著書『メディア・コントロール―正義なき民主主義と国際社会』（集英社新書）において、国家によるメディア規制やメディアによる情報操作などの例を挙げ、権力がメディアを使って世論を動かす危険性について警鐘を鳴らした。

2007年に関西テレビの『発掘！あるある大事典Ⅱ』の納豆データ捏造が大問題となると、総務大臣であった菅氏は「電波停止もあり得る」と発言して行政指導としてはもっとも重い警告を出した。TBSの『みのもんたの朝ズバッ！』で不二家に関する捏造報道が起きると、「テレビ局が事実と異なった報道をした場合、総務大臣がテレビ局を行政処分できる」といった内容の放送法改正案を国会に提出した。

そうやってテレビ局の上層部に「菅は手強い」と思わせ、テレビ局に圧力をかけ続けた。テレビ局側はこういった介入を習慣化させ、「不祥事を理由に監督官庁が放送内容に介入できる」すきを与えてしまったのだ。

これら一連の流れはテレビ局のさらなる萎縮を招き、「自主規制」を必要以上におこなわせ、報道や表現の自由を後退させたと私は分析している。

総務省との癒着「外資規制違反問題」に隠された忖度

次に、「総務省との癒着」という元凶である。

総務省の圧力のかけ方は徹底している。「飴と鞭」を使いわけるのだ。

テレビやラジオの放送事業者を傘下に持つ持株会社（＝ホールディングス）の株式においては、外国人株主の議決権比率を20％未満にしなければならないという電波法と放送法の規定がある。

いわゆる**「外資規制」**である。

これは放送局が言論報道機関として大きな社会的影響力を持つことを踏まえて、限られた電波の周波数を自国民優先に割り当て、外資による意思決定への関与を制限するために設けられた。

外国人株主の議決権比率が20％以上になった場合、放送事業の認定を取り消される。

放送だけでなく、航空法によってＪＡＬやＡＮＡといった航空会社や日本電信電話株式会社法によってNTTも、外国人の株所有に制限が設けられている。政治、経済、文化など国の存亡に関わる外国からの影響を抑えようという狙いである。

前述した東北新社による接待問題が追及されるなかで同社の子会社がこの外資規制に違反していたことが発覚し、総務省は衛星放送事業の認定取り消しを決めた。認定を受けた2017年1月当初は20％未満と申請していたが、改めて確認すると実際には20・75％とわずかに超えていたという。

この問題の記者会見で当時の総務大臣、武田良太氏に記者団から出された質問の内容には耳を疑った。

記者団はまず、「外国人直接保有比率が規制をオーバーしているところが2社、見当たる。フジ・メディア・HD（外資比率32・11％）と日本テレビHD（同比率23・78％）だ」と指摘した。

さらに「東北新社は免許を取り消され、他方でフジテレビと日本テレビが見逃されているというのはどういうわけか？　法の下の平等や公平性、公正性に反するように見うけられるが、理由は何か？」と説明を求めたのである。

フジ・メディア・HDは「議決権総数から除くべきだった株式を誤って総数に含めてしまった。実際には外資比率が20％を超えていたため、総務省に報告した」と釈明した。総務省は報告を受けたことを認めたうえで、報告時にはすでに違法状態が解消されていたことから認定を取り消すという判断はしなかったと説明した。

フジ・メディア・HDと東北新社の違いは「過去に違反があったか、認定時に違反していたか」といった「いつの時点を取り上げて違反と判断するか」でしかなく、法の解釈においてダブルスタンダードとなってしまっていると指摘せざるを得ない。

この不平等はどこからくるのか。

臨機応変な対応がおこなわれたフジ・メディア・HDと杓子定規な対応がおこなわれた東北新社。これら両者の差には、総務省からテレビ局への適度な圧力によって「飼い慣らし」や「癒着」が生まれているという事態が見え隠れするのだ。

外国人株主の保有比率の「隠れ蓑《みの》」は何か

記者団が問うたように、テレビ局の株を外国人の投資家が多く買い占めているというのは業界内では周知の事実である。これは**「常態化」**している。

つまり、テレビ局もこの状況を認識しているのである。「そうなっても仕方がない」という「未必の故意」的な意識が働いていると言ってもいいだろう。

莫大な資金力を誇る外国人投資家は株式会社であるテレビ局にとって大株主、お得意さまだ。そんなお得意さまを排他することはできない。

そこで**「ウルトラC」として使われるのが、株は保有しているが「名義書換をしない」という方法**である。

これは、放送法上には「株主名簿の記載等の拒否」という規定として存在している。外国人投資家の持株比率が20%を超えてしまいそうなときに、超える部分について名義書換請求を拒否できるというものである。

名義人でなければ、議決権はない。外国人株主の議決権比率を20%未満にしなければならないという規定には抵触しない。このように無理やり比率を20%未満に抑え込んでいるのだ。

そんな微妙な調整をおこなっているのだから、何かの拍子で少し狂ってしまったり株の売買などのタイミングのズレが生じてしまったりすることがある。ギリギリのところで既定の割合を超えてしまったりするから、先のフジ・メディア・ＨＤや東北新社のような問題が起こるのだ。

それが外国人株主の保有比率に隠された真実である。

だが、よく考えてみてほしい。

テレビ局は、国民の財産である電波を扱っている。そのテレビ局の財源が外国資金で占められているということは、どういうことを意味するのか。**日本のテレビは非常に狙われやすい、もろい砂上の楼閣のようなもの**だと言えるのではないだろうか。

そのことを証明する出来事が、このあとに記すテレビ朝日、フジテレビ、TBSなどの買収騒動である。

ことごとく失敗した、テレビ局の株式取得

1996年、ソフトバンクの孫正義氏はルパート・マードック氏率いるニューズ・コーポレーションとタッグを組んで、旺文社からテレビ朝日の株式21・4%を買い取り事実上の筆頭株主となった。

マードック氏といえば、アメリカの多国籍マスメディア企業「21世紀フォックス」をはじめイギリスの名門紙「タイムズ」ほか世界各地のテレビ局や新聞社を牛耳り、「世界のメディア王」と称される実業家だ。

しかし、この買収は「敵対的買収」と騒がれて大反発を受けた。

買収は外資規制に引っかからないように慎重に事が進められた。ソフトバンクとニューズ・コーポレーションは折半出資の合弁会社を設立し、両方でテレビ朝日の株21・4％を保有することにした。「半分ずつ」なので、双方の比率は10・7％ずつというわけだ。

だが、結局、翌97年に朝日新聞社がすべての株式を買い取ることでテレ朝は元のサヤに収まるかたちとなって、買収は失敗に終わった。

この出来事は、放送法で定められた外資規制を守っていてもテレビ経営に参画することは難しいということを実証することになった。

それから8年後の2005年、ライブドアの堀江貴文氏はニッポン放送の株式35％を買収してM&Aを仕かけたが、フジグループの激しい抵抗にあって最終的に経営参加はできなかった。

同年の数か月後に、楽天の三木谷浩史氏がTBS株を15・46％取得。直後に経営統合申し入れで始まったM&Aも5年以上にわたる泥仕合が続いた挙句、決裂した。

このように、**投資家によるテレビ局の株式取得はことごとく失敗に終わっている**。

私はこの理由の大きなものとして、**「放送法の庇護」**を挙げたい。

放送法の庇護のもとにあるテレビ局

将来的にＴＢＳの経営権を取得しようと考えていた楽天に対抗するため、ＴＢＳはテレビ放送免許を別会社の株式会社ＴＢＳテレビに引き継ぎ、自らは「認定放送持株会社」である「ＴＢＳＨＤ（ホールディングス）」へと移行する吸収分割Ｍ＆Ａを実施した。

認定放送持株会社とは、放送局を傘下に持つ持株会社（＝ホールディングス）の一形態である。

放送法によって、認定放送持株会社は特定の株主が総議決権の３分の１以上を有することができないため、楽天はＴＢＳの経営権を掌握する途が断たれることになった。

かつては、同一企業による複数の放送局の支配を防ぐため、総務省によって「マスメディア集中排除原則」が定められていた。

しかし、地上波デジタル放送にともない、多額な設備投資に迫られた地方局は資金調達に苦しんだ。また海外からの「黒船系配信メディア」の来襲に備える必要性もあった。それら２つの難題を解決するため、テレビ局はマスメディア集中排除原則の緩和を総務省に求めたのである。そして資金調達能力の高い「持株会社（ホールディングス、ＨＤ）制度」がテレビ局に認められることになった。

2008年のフジ・メディア・HD設立を皮切りに、2023年10月現在は在京5局を含む12の認定放送持株会社が存在する。

テレビ局のなさけない姿に愛想を尽かすクリエイターたち

2023年10月現在、認定放送持株会社に関しては、外国人投資家のみならずすべての株主の株式保有比率を20％未満に制限することが検討されている。これによって、単独の企業や投資家による経営支配や言論の制限を排除できるだけでなく、あらゆる買収をも阻止できるようになることが想定される。

ソフトバンク&マードックによる一件をはじめとするテレビ局の買収騒動は、**本来〝強固〟であるべき「情報の砦《とりで》」がいかにもろいかを露見**するものとなった。

放送は公共性のある事業であり、狙われやすい存在だ。だから守られるべきである。そういう考えは正しい。

だが、放送法や認定放送持株会社制度を笠に着た〝過剰な〟防衛策は、かえってテレビ局の弱体化と慢心を招くことにならないか。また「テレビ局経営者の保身のため」と非難されても仕方がない。

放送事業の認定を担う監督省庁である総務省からの圧力、そしてその総務省との癒着。そこには電波という利権を巡る欲望が渦巻いている。

そんな状況は、放送法に定める「政治的に公平」からは程遠い。

テレビを愛しテレビ番組を作ることに命を燃やしてきたクリエイターたちが、そういった現実に愛想を尽かしても不思議ではない。

変なしがらみや縛りから逃れた世界で思い切り実力を発揮したいと考えるに違いない。

電波の財産主である国民がテレビ局の「なさけない姿」にあきれて引導を渡す危険性もある。私自身も「こうやって少しずつ、視聴者に見放されていくんだろうなぁ」と感じていた。

テレビ局のいまの体たらくは、クリエイターたちにとって愛想を尽かすのに充分なのだ。

『クローズアップ現代』の例でわかるように、行政や時の権力者による介入はNHKにおいてですら日常的におこなわれてきた。

昨今、議論化しているNHKの業務拡大問題にも、総務省が大きく関与している。NHKのインターネット配信をスマホで見る視聴者に新たに課金する案を、総務省の有識者会議が提言した一件である。

NHKに関しては、受信料や数々の不祥事などの課題が解決されていない。そんななか、なぜ一足飛びにさらなる収益拡大の方策を急ぐのか。

これが認可されれば、民放との格差は広がり、報道の多元化も損なわれる。何より、NHKはこれまで以上に総務省に頭が上がらなくなるだろう。

NHKにおいてもそのような状況であるから、いわんや民放にとっては権力者からの圧力や介入は脅威である。もちろん、それをうまく利用してきたところもある。そうしないと生き残れなかったからだ。

次章では、NHK以外の民放にとって大きな脅威となる存在、「スポンサー」について検証してゆこう。放送免許は生活の「術《すべ》」ではあるが、生活の「糧」は「カネ」だ。そこには必ずあるものが働く。

「忖度」である。

そんな、人間の性《さが》がうごめくテレビ局の習性に迫る。

第3章

病症Ⅱ：異常なまでの「忖度」をするという「だらしなさ」

テレビがおかしい

いまテレビは、「コンプライアンス遵守」という名のもとの「忖度」でがんじがらめの状態である。

テレビにどんな異変が起きているのか。

みなさんは、そのうちどれだけの異変に気がついているだろうか。

そして**その異変は、なぜ起こっているのか**。

あるドラマの現場でのことである。ラーメン屋のシーンで美術さんが「うちのラーメンは化学調味料無添加です！」という貼り紙をして撮影をおこなったところ、それを知った局内の営業担当からクレームが入った。

テレビ局の大スポンサーのひとつのある企業は、現在「化学調味料」という言葉の撲滅をはかっている。そんなときに番組内であえてその言葉を使うとは何たることかという「お叱り」を受けたのである。

それはなぜか。

テレビ局がスポンサーに忖度をしたのである。

その企業はそのドラマの提供スポンサーでも何でもない。しかし、テレビ局全体として気を遣ったのだ。

創業当時から昆布などに含まれるグルタミン酸が日本人の味覚に合った「うま味」であることに目をつけて看板商品としてきたその企業だが、NHKでは公共放送ということで特定の商品名や登録商標を放送することができなかった。

そのため商品名の代わりに「化学調味料」という言葉を使うようになった。

1960年代の高度成長期には「化学」は万能の代名詞として歓迎された。しかし、時代の流れとともに化学という言葉は「化合物」というような意味あいにとらえられることが多くなった。

消費者が安全性に対して不安を感じないように、また風評被害を打ち消してイメージを変えるために、「化学調味料」という言葉を使わず「うま味調味料」という言い方をするように推進してきた。

そんな歴史がその言葉の背景にある。

「忖度」に振り回される公共電波

今回の出来事は、当該企業がそんな涙ぐましい企業努力をしている真っただ中に起こった。

情報を正確に伝えるはずのメディアであるテレビ局が、化学調味料という言葉をまだ使用しているとはどういうことかと（その企業が実際に怒ったかどうかはわからないが）なったのが事の次第である。

企業の言い分や都合は理解できる。イメージを大事にすることや消費者感情を考慮することも真っ当なことだろう。

百歩譲ってもしそのドラマのスポンサーがその企業であるならば、資金提供者への配慮としてそういったこともあり得るかもしれない。

しかし、テレビ局全体の大スポンサーであるからといって今回のような措置をとること、しかも現場にそれを強いることが果たして正しいのだろうか。

さらには、中立な立場を保ち公平性を持って番組制作をおこなうテレビ局としてそれが**健全な姿だと言えるのだろうか**。

私は強い危惧の念を抱く。

もっとも問題なのは、今回の出来事に対する措置である。結局、編集段階でそのラーメン屋のシーンの貼り紙にはモザイク処理をおこない文字を消すことになった。そして担当者は厳重注意を受けたのだ。

化学調味料という言葉は、現在でも味つけ海苔などをはじめとして多くの食品のパッケージや添加物表示に使われている。だが、このラーメン屋シーンの一件以来、局の営業の方針は化学調味料のみならず「うま味調味料という言葉もなるべく使用しないように」となった。

ほとんど営業担当者もわけがわからなくなって困惑しているのではないかと思えてくる。こうなると「言葉狩り」以外の何ものでもなくなり、怒りを通り越してそのばかばかしさに笑えてくる。

この顚末をみなさんはどう感じるだろうか。

番組スポンサーの不祥事は放送できるのか

もうひとつテレビ局のスポンサーへの忖度として挙げられるのが、スポンサー企業が不祥事を起こしたときにテレビ局はマスコミの一員としてそれを報道することができるのかという問題である。

本来、**テレビは国民の「知る権利」をかなえる「放送責任」がある。**またメディアとしてその報道には公平性と公正性、信頼性がなければならない。しかし、実際にはどうだろうか。

私は元テレビ局の一員として、はっきりと言おう。

そんなことは不可能である。

2004年10月、トヨタの車・ハイラックスサーフが走行中にハンドル操作ができなくなるという欠陥を社内で隠ぺいしてリコール隠しをおこなっていたという事件があった。そのとき、テレビのニュースでは「トヨタのハイラックスで、ステアリング装置の故障に関するリコールがあった」という極めて簡単な報道をしただけだった。

ちなみに、トヨタはテレビ朝日系の名古屋テレビの株を保有している。

池井戸潤氏の小説『空飛ぶタイヤ』は2002年に起こった三菱自動車のトラック脱輪による死傷事故、そして同社によるリコール隠しをモデルにしているが、このドラマ化に際してはかなりの障害があったと聞く。

当初は地上波でのドラマ化が模索されたが、自動車メーカーが有力スポンサーである地上波では制作は実現しなかった。そのため、スポンサーの広告収入に頼らない有料放送のWOWOWでの放送となった。

私も同様の経験をしている。

相場英雄氏の小説『ガラパゴス』をドラマ化したいと考えた私は社内に企画書を提案し

て制作を訴えたが、営業上層部からはっきりと「放送するのは難しい」と言われた。自動車メーカーの「非正規雇用問題」をテーマにした内容だったからだ。

このように、スポンサーから巨額のCM出稿料をもらっているテレビ局は大手スポンサーの不祥事や事件を扱いたがらない。そこには両者の取り決めがあるわけではない。**「暗黙の了解」という忖度があるだけ**だ。

テレビ局がもっとも恐れているスポンサーの言葉。それは、「広告を止めます」なのである。

「電通タブー」という自主規制

この現象は、対スポンサーだけに限ったものではない。

2016年5月11日、イギリスのガーディアン紙が東京五輪の裏金疑惑を報じ、大手広告代理店である電通の関与を指摘するという出来事があった。だが、この事件を日本国内の主要なテレビや新聞が報道する際には、「電通」という名前はきれいにカットされていた。

電通はテレビ局の多くのCMを扱っている。電通ににらまれると「CMを止められ」「多くのスポンサーを失う」ことになるため自主規制したのだと考えられた。

いわゆる**「電通タブー」**である。

テレビ業界には、このあとに記す「芸能界におけるテレビ局の忖度」と同等のタブー物件と言われるものがある。それが「電通タブー」なのだ。

なぜかと言えば、電通という広告代理店とテレビ局は一心同体で、何かヤバいことがあれば〝一蓮托生の〟関係だからだ。

電通は、国内最大にして世界第5位の規模を誇る広告代理店である。「広告代理店」と聞いても普通の人はピンとこないかもしれない。広告を取り扱う会社ということだが、その実態が謎に包まれているからである。

ラジオやテレビなどの電波を扱うのは「ラジオテレビ局」という部署だが、在京テレビ局の数にあわせて1部から5部にわかれている。それぞれの部がテレビ局担当として張りつき、ほとんど「マンツーマン」状態の手厚い対応をおこなう。

テレビ局は自らスポンサーに広告（CM）枠を売ることもあるが、多くの広告枠の販売を電通に依存している。電通は企業との濃密な関係を最大限に利用して、スポンサーとなる企業とテレビ局の橋渡しをしてマージンを取る。

テレビ局の売上は、電通の働きに左右されると言っても過言ではない。

そんなお世話になっている相手に対して忖度をおこなわないことのほうが、人間としてはＮＧというわけだ。

「電通には逆らえない」

そういった風潮と常識が長い間、テレビ業界にはびこってきた。

いや、それは過去の話ではない。いまもそうなのだ。

過剰なコンプライアンス遵守

次はコンプライアンス遵守が過ぎたことから生じる、ゆがんだメディア・コントロールの実例である。

こちらも私が実際に体験した撮影時のエピソードである。

テレビ東京で担当していたドラマ『弁護士ソドム』内で主役が喫煙するシーンを撮りたいと監督が言い出した。

近年、たばこのＣＭがテレビから消えたことは周知の通りだ。これは、たばこを専売する「日本たばこ産業」が１９９８年からテレビやラジオ、インターネットでのたばこのＣＭを自粛し始めたことに起因している。

私がテレビ局に入った１９８０年代には、渋い俳優がたばこをふかすＣＭやドラマが溢れていた。それを見て「かっこいいなぁ」と憧れた方も多いのではないだろうか。私もそのひとりだ。

しかし、私が企画・プロデュースを手がけ2011年に放送した『風の少年～尾崎豊永遠の伝説～』のころには、ドラマにおいてすらも喫煙のシーンが厳しく規制される風潮にあった。

尾崎豊氏といえば、社会への「問題提起」をテーマにした歌を数多く歌い「十代の教祖」などと呼ばれた。その尾崎氏を自伝的に描いたドラマが『風の少年』だったのだが、高校生の尾崎氏が道路に座ってたばこを吸うシーンに「待った」がかかったのだ。

私は「道路にうずくまってたばこを吸いながら、ネコのような目線で世間を観ていないと尾崎じゃないだろう」とこのシーンの必要性を訴え何とか局からOKを取りつけたが、コンプライアンス（このころはまだこの言葉は一般的ではなかった）に過敏になるあまりに映像の必然性や作品の創造性が損なわれることの怖さと愚かさを実感した。

そしていま、たばこ関連のテレビCMは喫煙のマナーをアピールする「イメージ広告」に限られている。

これはひとえに日本たばこ産業をはじめとするたばこ業界全体の「自主規制」から来ている。そしてスポンサーへの気遣いとして、テレビ局各社は番組内における喫煙シーンの自粛をおこなっている。

政府が直接、たばこのCMを規制するのではない。**テレビ局が自らの指針によって自発的に自粛をする**のだ。それは直接的な規制を避けるためなのかもしれないが、世界的にも珍しく、極めて〝日本的な〟事象だと言える。

そんなバックボーンを理解してもらったところで、先程のドラマの話に戻ろう。

こちらは2023年の出来事である。

「受動喫煙」への配慮が招く、表現の不自由

ドラマ『弁護士ソドム』で監督が主役にたばこを吸わせたいということだった。しかし、そのシーンを台本で読んだ局内のとあるセクションから「喫煙シーンは控えるように」とのお達しが来た。

「控えたほうがよい」や「控えてほしい」ではなく、「控えるように」である。

その理由は、これまでのようなスポンサーへの気遣いではなかった。

「受動喫煙」である。

ご存じのように、受動喫煙とはたばこを吸わなくても喫煙者のたばこの煙を吸ってしま

うことを指す。受動喫煙がドラマの撮影上で問題になるという経緯には、ある番組での出来事が関係している。

2019年のこと、当時NHKで放送されていた大河ドラマ『いだてん〜東京オリムピック噺〜』に受動喫煙のシーンが頻繁に出てくるとして、公益社団法人「受動喫煙撲滅機構」が「時代の流れに逆行している」「受動喫煙被害の容認を助長する」という苦情を申し入れた。

以上のような騒動が過去にあったため、ドラマの主役に喫煙をさせたいという監督の願いは却下されてしまったのだ。

監督が要望した喫煙シーンには、しかるべき理由があった。

弁護士である母の形見であるライターを大切にしている主人公。その主人公がたばこに火をつけた際に机の上にあったある紙を取り上げ（その紙にも物語的な意味がある）、ライターで燃やして灰皿に落とす。そしてその炎を見つめる。瞳に映し出される炎。それは復讐をあらわしている。

このシーンに関しては、スタッフ間でいろいろな検証がおこなわれた。

「喫煙シーンが問題になるのであれば、後半の紙を燃やすというところだけやったらどうか」という意見に対しては「喫煙者でもない人の部屋に灰皿があるのはおかしい」などの反論があったりして、結局、主人公が喫煙者であることが一番自然だということに落ち着いたのだった。

そんなロジックやスタッフが時間をかけて検討したことを説明して、私は異議を申し立てた社内のセクションと最後まで闘った。

だが、許可はおりなかった。

確かに、知らないうちや無意識のうちに受動喫煙をしてしまっている弱者や子どもたちの救済は必要である。しかし、例えば『いだてん』の場合において喫煙者を描こうとしたのには、「たばこは時代的なムードを醸し出す」という極めて文化的、演出的な意味あいがあったに違いない。

「当時の雰囲気をいかに視聴者に伝えるか」が私たちモノづくりの本分であり、「いまでは感じられない」からこそ、それを映像で表現してみせようとするプロ根性とも言えるものがある。

『弁護士ソドム』の場合も同様に、母を殺害した何者かへの復讐心を「炎」という装置によって表現しようとしたときにそこに喫煙という能動的かつミステリアスなファクターを活用しようと考えるのは、クリエイターとして自然なことである。

プロとしての監督の思いに応えられなかった私は、しばらく自分の無力さに落ち込んだ。

創り手が考え抜いて、視聴者を楽しませよう、何かを伝えたいと思っておこなおうとした表現を規制することは**「表現の自由」を侵害するばかりでなく、視聴者の「知る権利」「見る権利」をも損なうものである**。

受動喫煙の問題は、喫煙者のモラル向上や子どもたちへの啓蒙といった側面からその対策を練ってゆくべきではないのか。

こういった問題解決方法のすり替えにテレビが加担しているとしたら、そのことになさけなさを感じる関係者は私だけではないだろう。

好ましくない行為を表現するなということになると、ドラマの殺人シーンや時代劇の斬りあいも描けなくなる。表現はなるべく自由かつ多様であるべきだ。**過剰な表現の自主規制は、テレビ文化を滅亡へと導く**と警鐘を鳴らしたい。

スポンサーや世間の風評を気にして自主規制をおこなってばかりいると、そのうち独創的でリアルなおもしろいドラマはテレビでは作れなくなるだろう。

かつてテレビ東京には、「あそこに行けばおもしろいことができる」「ほかではできないことができる」と続々と優秀で革新的なクリエイターが集まった時代があった。

だが、かつて人材が他局から流出したように、いまテレビの自主規制に嫌気がさした創り手がテレビ自体から流出している。

この状態がさらに進めば、テレビドラマは「当たり障りのない、万人受けする無難なもの」ばかりになり、「新しいことやタブーに切り込んだ見応えのあるドラマ」は動画配信サービスや有料プラットフォームでしか見られないという状況になりかねない。

いや、もうすでにそうなってしまっているかもしれないのだ。

アンケート調査が示している真実

以上のように、テレビは自主規制や自粛をして喫煙シーンを番組から排除しているわけだが、世論はこのことについてどう思っているのだろうか。目を向けてみよう。

モバイルリサーチでシェアNO．1を誇るネットエイジアが2022年5月に発表した「非喫煙者意識調査」の結果によると、非喫煙者がテレビドラマや映画の演出として喫煙シーンが出てくることを許容できる割合（「許容できる」と「やや許容できる」を足したもの）は全体の73・9％であった。

対して、テレビドラマや映画の演出として喫煙シーンが出てくるのはよくない、自粛すべきであるとの考えを持つ人は26・1％と3割足らずだった。

オリコンが2015年に10～50代の男女を対象に自主規制に対するアンケートを実施し

たところ、現在の規制が「妥当だと思う」と答えたのは全体の44・4％、「妥当ではない」は55・6％と僅差ながらに上回った。

誰もが傷つかない平和で健全な社会……そんな理想を掲げることももちろん、大切だ。しかし、必要以上の自主規制の風潮に疑問を感じる視聴者も多いことをこのデータは示している。

テレビはいったい誰のために「自主規制」をおこなっているのか。テレビ自体がもう一度、その胸に手をあてて考えるときなのではないだろうか。

コンプライアンスとBPO

「コンプライアンス」という名のリミッター。テレビ局はコンプライアンスという大義名分に乗じて自主規制をかけ、自らの報道責任を放棄している。

コンプライアンスとは、テレビ局にとって責任転嫁ができる便利な装置なのである。

そしてそんなコンプライアンスの問題を考えるときに、度外視することができないのがBPOという存在である。

BPOは「放送倫理・番組向上機構」という団体で、Broadcasting Et

hics & Program Improvement Organizationの略である。

HPによれば、「放送における言論・表現の自由を確保しつつ、視聴者の基本的人権を擁護するため、放送への苦情や放送倫理の問題に対応する、第三者の機関」であり、その目的は「主に、視聴者などから問題があると指摘された番組・放送を検証して、放送界全体、あるいは特定の局に意見や見解を伝え、一般にも公表し、放送界の自律と放送の質の向上を促す」とある。

第三者機関ではありながら、あくまでも「NHKと民放連によって設置された」ものであり、テレビの「自浄作用」のために存在していることに留意する必要がある。

以下の事案において、BPOの放送倫理検証委員会はいずれも「放送倫理違反があった」もしくは「放送倫理上問題あり」と結論づけてきた。

どれも読者のみなさんがご存じの事案ばかりだろう。

・2019年8月14日に放送されたTBSの番組『クレイジージャーニー』内で、事前に準備した動物をあたかもその場で発見して捕獲したかのように見せる不適切な演出が放送された

・2021年3月12日に放送された日本テレビの情報番組『スッキリ』内で、アイヌ民族への不適切な発言が放送された
・2020年5月23日に、フジテレビのリアリティ番組『テラスハウス』に出演中だったプロレスラーの木村花氏がSNS等で誹謗中傷されたことを理由に自ら命を絶った

「放送倫理違反」もしくは「放送倫理上問題」と結論づけたということは、「コンプライアンスに反している」と判定したということだ。

テレビ局各社が自局だけでなくテレビメディア全体の自浄作用としてBPOを作ったのだから、自局も含めた番組に対してモノ申すのは当たり前である。しかし、審議対象にされた番組当事者や局にしてみれば、「何さまなんだ!」という感情を抱く可能性も否めない。そこには、**「なんで自分の局をつぶすようなことをやってるのか」**という**「身内意識」**が働いている。

さらには、「BPOがテレビ番組、いやテレビメディアをダメにした」という意見もインターネットサイトなどでは散見される。この考え方はナンセンスどころか、テレビ局自体を衰退の方向に向かわせるきっかけとなってしまう。

なぜならば、議論をすることが一番大事だからである。

ＢＰＯの見解をどう思うかも含め、徹底的に話し合うことがテレビの腐敗を止める。ＢＰＯが口を出さなければならなくさせているテレビ局側の問題点をしっかりと吟味して解消することが先決である。

「卵が先か、ニワトリが先か」という議論は生物学的には頭を悩ませるべきではあるが、この場合はそうではない。問題を起こすニワトリがいなければ問題も生まれないのだ。

以下の議論もそうだ。

痛みを伴うことを笑いの対象とするバラエティは、〝絶対に〟ＮＧなのか

２０２１年８月、ＢＰＯは罰ゲームやドッキリ企画などが含まれる「痛みを伴うことを笑いの対象とする」バラエティについて審議入りさせることを決めた。

視聴者や中高生モニターから、苦痛を笑いのネタにする番組は「不快に思う」「いじめを助長する」などの意見が継続的に数多く寄せられてきていることを重要視したのである。

寄せられた意見の一例としては、「どっきり企画で、男性芸人の下着にハッカ液をぬり

悶え苦しむ姿を面白おかしく放送していたが、この上もなく不愉快な気持ちになった。子どもがマネをし、いじめに繋がる可能性もある」といったようなものだ。

出演者に痛みを伴う行為をしかけ、それをみんなで笑う「苦痛を笑いのネタにする番組」というと、私がテレビ業界に入ったころに放送していた日本テレビの『スーパーJOCKEY』の名物コーナー「THEガンバルマン　熱湯風呂（別名：熱湯コマーシャル）」を思い起こす。

当時まだ宣伝の場としては効果が大きかったテレビでコマーシャル（宣伝）をしたい人が参加してルーレットで熱湯に入る人を決め、熱湯に浸かるのを我慢できた秒数だけ宣伝できるという企画だ。出演者のリアルなリアクションや先ゆきの見えないハラハラドキドキ感が人気を呼んで、日曜日の13時台という時間帯にもかかわらず20％を超える高視聴率を獲得していた。

このように当時、多くの視聴者を熱狂させてテレビに釘づけにしたのは「苦痛を笑いのネタにする番組」だったということも事実なのである。

この番組には、A「熱湯を熱がる人」↕B「熱湯を熱がる人を見て喜ぶ人」という構図があった。

一見、Aは一方的に「損をする人」だと思うだろうが、実はそうではなく最終的に「宣伝ができる」というメリットを得る可能性がある。そしてさらには、「おー、頑張るね」といった称賛や評価を視聴者から得ることができるかもしれない。

つまり、**「いじめられて終わり」ではない**ということだ。

「男性芸人の下着にハッカ液をぬり悶え苦しむ姿を面白おかしく放送」する企画の場合も、同じような構図だと考えられないだろうか。

芸人にはコマーシャルをすることができるというメリットはないが、「テレビを通じて名前を売る」ことや「すごいね、この芸人」的な称賛を浴びる可能性がある。

それを期待するからこそ、芸人はこういった企画に乗るのだ。

ＢＰＯの審議には、３つの視点がある。

放送倫理と放送番組の質向上を目指す「放送倫理検証委員会」、放送により人権侵害をされた人を救う「放送人権委員会」、そして青少年が視聴する番組の向上を目指す「青少年委員会」である。この分類に注目してほしい。

今回のこの「痛みを伴うことを笑いの対象とするバラエティ」に関する見解は青少年委員会の審議結果であり、放送倫理や人権に関することではない。

青少年委員会は、青少年の親や本人から意見が寄せられるとそれに関して検討しなければならない。昔とは違い、さまざまな情報が得られる環境のなかで人々の意見や要望もさまざまなかたちで噴出し、ゆきかうからだ。

一昔前だと気づかなかったことに気がつくし、気にならなかったことも気になるのが、現代の情報社会の特性である。そんななかで、人々の感覚がコンプライアンスに過敏になってゆくのは自然なことである。

「苦痛を笑いのネタにする番組」は、時代の変化とともに注目されるようになってきたテーマだ。であるから、昔は看過されてきた「弱いものをいじめてみなで笑う」といった差別やいじめを助長するような表現を「青少年の教育上よくない」とＢＰＯが問題視するのも納得できる。

以上を前提として、提言をしたい。

前述したような「出演者側にもメリットがある、もしくはメリットを期待できる状況」にある場合と「単なるいじめや差別、ハラスメント行為」である場合との間に、はっきりとした線引きをするべきである。

ＢＰＯには、ぜひ両者の混同を避け、違いを明確化して審議をおこなってもらいたい。

コンプライアンスは両刃の剣である。

過剰になると「表現の制限」や「自己規制」を生み出してしまい、クリエイティヴな創造力をそぎ落としてしまう。そして結果的に、視聴者に「本当の姿」が届かないことになって「知る権利」を損なわせてしまう恐れがある。

テレビ局側もこの「線引き」をよく理解して番組作りに臨めば、制作者が萎縮することなくバッターボックスに立つことができるはずだ。

コンプライアンスにがんじがらめのテレビ局

本来は、テレビ自体がコンプライアンスの線引きをできるのがメディアとしてはもっとも健全だ。

しかし、これができないからBPOのような第三者機関が介入しなければならなくなる。ひいては、政府や公的機関の介入や規制を許してしまうことにつながってしまうのである。

では**なぜテレビは、正しいコンプライアンスの線引きができないのか**。

理由としてまず挙げられるのが、**「制作者のモラル低下」**である。

2021年3月に放送された日本テレビの『スッキリ』内での「アイヌ差別発言問題」は、アイヌ女性を描くドキュメンタリーを紹介した際、お笑い芸人が「この作品とかけまして動物を見つけた時と解く。その心は『あ、犬』」と発言してしまった問題である。

問題の根源はスタッフの差別に関する「知識の乏しさ」と放送人としての「感度のアン

テナ」の鈍さの2点にある。もし仮にアイヌ民族が長い歴史のなかで日本への同化を強いられ差別されてきたことをスタッフが知っていれば、避けられたミスである。

同年の12月に放送されたNHK・BS1の東京五輪のドキュメンタリー『河瀬直美が見つめた東京五輪』においても同様の失態が繰り返された。番組に登場した男性を「五輪反対デモにお金をもらって動員されている」という趣旨の字幕をつけて紹介したが、まったくの捏造であったと判明したのだ。

BPOは取材の「基本を欠いて事実確認をおろそかにしたこと」に加えて、取材者の「社会運動に対する関心の薄さ」を指摘した。関心がないと知識も乏しいままである。

テレビ制作現場における37年間の時代の流れのなかで私が実感しているのは、これらの問題があらわす制作者サイドの「倫理観の変化」である。

正確な情報を伝えるテレビメディアとして、もっとも大切なモラルが薄れてきている。間違った情報を流しても悪びれず、「誰も傷ついていないから、問題ない」と気にすることもない。そんなケースに幾度となく遭遇してきた。

私がADを担当していた30年以上前には常識だった、事実誤認を防ぐための「裏づけ取材」や「ファクトチェック」もおろそかにされている。

当時は先輩ADやディレクターに「自分の足で調べてこい！」とよく言われていた。いまはスマホやパソコンで検索すればすぐに情報は手に入る。情報があふれ過ぎて、どれが「正確な情報」かはわからない。

スタッフに調べものを頼むと、プリントアウトして持ってくるのはだいたいウィキペディアだ。「これではダメだ」と突き返して音沙汰がないので急かすと、「いま、知恵袋に聞いていますから待ってください」という答えが返ってくる。ご存じのように、「知恵袋」とはQ＆Aサイトのことだ。

そんなふうに制作者のモラルや質が低下していることは、歴然とした事実である。

しかし、**一番の問題はこれらの事実をテレビ局自体がよくわかっているということだ。**

当事者であるテレビは気がついている。だが、見て見ぬふりをしている。

「テレビはいまを切り取る」とよく言われるが、「いまを切り取る」ということは同時に「いまの世相や流行をダイレクトに受ける」ということでもある。

個人情報や権利関係、そしてコンプライアンスなどの情報モラルに対して社会の目が厳しくなっているいま、テレビやテレビに携わる制作者たちにとってさまざまな「リスク」という罠が待ち受けている。

誰しも危険なことは怖い。

正確な情報を得るために裏づけ調査をおこなおうとすると、かなりのきわどい取材をやらなければならない。誰も知らない秘密を情報提供者から得るためには、特別なルートが必要だ。そうでないと、ほかの誰も到達していない「真実」にはたどり着けない。

そしてそれらの手法には、他者から見れば「コンプライアンス違反」と映るようなことがあるかもしれない。

なかなかテレビが〝振り切った〟番組を作ることが難しくなってきているのには、こういった社会的背景がある。

そういった事情をよく理解しているはずのテレビ局は、気がついていながら見て見ぬふりをしてきた。いや、いまもそうだ。

だから、私自身も当事者として感じてきたように、「何かあったときに、テレビ局は自分を守ってくれない」という確信にも似た思いが制作者一人ひとりの心のなかにあるのである。

それが、**コンプライアンスという制約に萎縮して、思い切ってバットを振れない理由となっている。**

だが、そんな現場の制作者の心情を利用するかのようなテレビ局の確信犯的な策略に乗せられていてはいけない。

「幹部がこうだから」「経営陣がちゃんと考えてくれないから」と他人のせいにばかりし

ていては何も解決しない。自分もテレビ局を構成している一員であることを自覚し、責任を持つ必要がある。

では、「責任を持つ」とはどういうことなのか。

それは、テレビに携わる者が常に「これでよいのか」と自問自答してゆくことではないだろうか。

意外と振り切った企画に挑戦するNHK

以前は、NHKは「堅い」「コンサバ（保守的）だ」と言われていた。

一方で民放は「柔軟」というような印象があった。

だが、いまその状況は逆転している。NHKのほうがよっぽど振り切った番組コンテンツを世に送り出している。

例えば私が注目しているのは、障害者・セクシャル・マイノリティなどをテーマにしたバラエティ情報番組『バリバラ』や芸人と俳優によるオムニバスコント番組『LIFE！人生に捧げるコント』などである。

『LIFE！』では、内村光良氏演じる古株ディレクターがNHKのバラエティ番組の収録現場で堅苦しい演出をするという「ＮＨＫなんで」というコントを放送し、視聴者の「ＮＨＫはお堅い」というイメージを逆手に取る挑戦をした。

そこにあるのは「視聴者におもしろいと思ってもらいたい」という創り手の熱い思いだ。ＮＨＫは「電波や放送は視聴者のもの」という考え方が徹底している。それに対して民放は、ホールディングス化してからおかしくなった。

「自主規制」をかけすぎである。

視聴者のためというより、スポンサーや世論を気にしているのだ。

なぜ、レピュテーションリスクを考えるのか

あるドラマの撮影中に、局にクレームの電話が入った。当時はコロナ禍の真っただ中だった。

「うちの近所で撮影をやっていて、スタッフが鼻出しマスクだった。このコロナ禍に何たることか！」というお叱りだった。

それを受けて、局の上層部から注意勧告がおりてきた。

「レピュテーションリスクが高まるので、気をつけるように」というものだった。

私は「え？　そっちか！」と一瞬あっけにとられた。

てっきり会社はほかのスタッフに対して健康被害が及ばないか、そしてそのことで撮影に支障が出ないかと心配して注意してくれているのだと思い込んでいたからである。

上層部は、自社に関するネガティブな評判や噂が拡散されることで企業価値や信用の低下を招くことを恐れたのだった。レピュテーションリスクを考えるのは、「株価のため」だったのだ。

会社の利益とスタッフの命を天秤にかけられたような気がして、違和感があった。

次もドラマの撮影のときのことである。犯人が車で逃走するシーンを撮る際に、「シートベルトをするか、しないか」で議論になった。

私は「逃げる犯人がいちいちシートベルトなんてするわけがない」『リアリティに欠ける』と考えて、プロデューサーとして「しなくても、大丈夫」とスタッフに伝えた。

法令は遵守しなければならないので、シートベルトをしていない車内の犯人のカットは私有地で撮影してもらうことにした。「フィクションとはいえ、公道でシートベルトをしないで撮影するのはよくない」と考えたからだ。

しかし、これに対して上層部から「待った」がかかった。

「視聴者が勘違いしないように、番組内に注意書きの説明を入れてほしい」というものだった。

そして結局、「撮影は法令を遵守し、私有地でおこなわれました」という〝興ざめな〟テロップが入ることになった。

こういったケースに明確なガイドラインを求めるのは難しい。このとき私は局の上層部の判断にあきれながらも、受け入れてしまった。

それは、この事案が「命に関わること」だったからである。

このドラマを見て、「急いでいるときにはシートベルトはしなくてもいいんだ」と思う人がいたらよくない。そう懸念したからだ。

このことを私はのちのちまで後悔した。子どもが対象の作品であればそういった丁寧さは必要だっただろう。でも、このときは犯人の凶暴性や違法性を訴える意味で逆にテロップを入れるべきではなかったのではないか、そう思ったからだ。

同時に、上の指示を鵜呑みにした自分にも腹が立った。

だが、よく考えてみるとこの会社の指示も当たり前と言えば当たり前だ。

企業としてレピュテーションリスクを考えるのは仕方がない。イメージ戦略は当然のことである。逆に、「何でもアリ」だったかつての業界ルールのほうがおかしかったのかもしれない。

こんなふうに立場を替えた視野でものごとや事柄を観ることができれば、できることの可能性が大きく広がってゆく。

大事なのは、「得する人」↕「損をする人」といった**従来ある利害関係を入れ替えるような発想ができるかどうか**である。

一見「損」と思えることが実は長い目で見れば「得」だったり、その逆もある。そういったことを見抜ける力を養ってゆくことが、予測不可能な時代を生き抜くためには必要なのではないだろうか。

「表現されていないもの」を想像する大切さ

もうひとつ、ドラマのエピソードを紹介しておきたい。テレビがいかに**自分たちの都合で、本来〝表現されるべき〟映像を隠してしまう**かを証明するためだ。

『破獄』という作品のときのことである。これは吉村昭氏の小説を原作としてドラマ化したものだが、第二次世界大戦の戦前から戦後にかけて4度の脱獄をして「脱獄王」と呼ばれた実在の無期懲役囚をモデルとしている。

脱獄をしようとする無期懲役囚・佐久間と脱獄を阻止しようとする看守・浦田の闘いを

通じて、「自由とは何か」「生き抜くことの大切さ」を訴えようとした。

劇中に、佐久間が脱獄をしないように厳重な手かせや足かせをされるというシーンがある。あまりにも長い間そんな状態で投獄されていたので、鉄の足かせが皮膚とこすれてかぶれ皮膚炎になってしまった。

皮膚炎となった部分はそのまま放置されるので、そこにうじ虫が湧く。そんなリアルなシーンを具現化するため、美術さんが本物のうじ虫を用意した。演じる山田孝之氏は嫌がることなく足にうじ虫を乗せられ、そのカットは無事に撮影された。

しかし、その映像にまたもや物言いがついた。

「うじ虫の部分は削除するべきではないか？」というものだった。

その理由は2つ。ひとつは、「視聴者に不快感や嫌悪感を与えるのではないか」という「配慮」である。そしてもうひとつは、「そう感じた視聴者がチャンネルを変えてしまい、視聴率が下がるのではないか」という「懸念」であった。

シートベルトの一件で苦い思いをしていた私は、断固として「うじ虫の映像削除」に反対した。そして「これは佐久間が自由を求めて脱獄をする引き金になったエピソードであるから、その過酷さをリアルに表現しないとその意図が伝わらない」と社内の関係者を説得した。

結果的に、編成からは「まあ、最終的には現場にお任せしますけどね」という皮肉を言われ、うじ虫の映像はカットしなくてもすむことになった。

メディア情報は受け手によって捉え方が違う。映像から受ける感情も種々さまざまである。

うじ虫のシーンは人によっては「たまらなく気持ち悪いもの」かもしれないが、違う人にとっては「この作品のテーマ上、欠かせない要素」と感じるかもしれない。

容易な判断でカットしてしまうことは、制作者の「表現の自由」を損なわせるばかりか、視聴者の「リテラシー」や「想像力」を低下させる。

ここでも必要となるのが、「情報モラル（倫理）」であるコンプライアンスとメディアリテラシーのバランスと線引きである。

コンプライアンスは守らなければならないが、過剰なコンプライアンス遵守で番組を見る者の「考える力」を損なわせてはならない。

同時に、このエピソードから読者のみなさんに学びとってもらいたいことがある。

それは**「テレビ番組の不確かさ」**である。

テレビ現場の状況は、社会環境によって大きく変化している。そのときどきの都合で「足されるもの」「引かれるもの」も生じてくる。

テレビで表現されている目に見える部分だけを鵜呑みにするのではなく、**「何が表現されていないのか」**といった裏側に隠されているものの存在について考え、さらには**「なぜそれは表現されていないのか」**といった理由にまで思いを巡らせてみてほしいのだ。

それは簡単なことではないだろうが、ケースごとに〝ちゃんと〟向き合ってゆくことが肝要である。

これこそが、コンプライアンスが「正常に機能している」ということなのではないかと私は思っている。

コンプライアンスとメディアリテラシーの「バランス」と「線引き」。

この課題を成し遂げてゆかないと、テレビはクリエイターたちが愛想を尽かして離れてゆくだけでなく、視聴者からも見放され、本当の意味での「オワコン」になって滅びてしまうのだ。

ジャニーズ事務所のアイドルたちとの出会い

2023年の芸能界は、まさにジャニー喜多川氏の性加害問題に終始したといっても過言ではないだろう。

しかし、そういったニュースは少し前まではほとんどテレビでは見られなかった。「テレビ局の忖度」と非難され始めて、重い腰を上げて報道を始めたというのが事実である。

なぜテレビ局は、ジャニーズ事務所に忖度しなければならなかったのか。（2023年10月現在、新聞報道などでは「旧ジャニーズ事務所」という表記を使用しているが、本書においては「現在」ではなく「当時」のことを記すため、わかりやすさを優先して旧社名である「ジャニーズ事務所」という表記で統一する）

そしてテレビは、同じようにほかのタレント事務所や芸能プロダクションにも忖度をしているのだろうか。

事実の裏側に隠されている、癒着の真実とその理由に迫る。

ここから伝えるのは、すべて私が経験したか、今回自ら取材をしたことである。推測はひとつもない。

もちろん、社会に出て数年しかたっていない20代前半の若造が見聞きしたことだから、正確にものごとの本質をとらえられていないかもしれない。だが、その経験は紛れもない「事実」であり、語られることのなかったエピソードである。だからこそ、この章のテーマである「忖度」の正体をおぼろげながら浮かび上がらせることができるかもしれない。

そう考えて、ありのままに記すことにする。

取材に関しては複数の言質を取るようにした。また、その証言は情報提供者が伝え聞いたことではなく、あくまでも彼ら自身が経験したことに限った。

そしてもうひとつ、最初にはっきりさせておかなければならないことがある。

これから伝えるジャニー喜多川氏の印象は、あくまでも当時の私の個人的な感想だ。本当の姿ではないかもしれない。それは私にもわからない。もちろん、ジャニー氏を擁護する意図があるわけでもない。ジャニー氏の少年たちへの性加害と人権侵害は決して許されるものではないことは自明だからだ。

大学を出てテレビ東京に入社した私が、2年目からはアイドル歌番組に配属となってADをしていたことは序章の通りである。

そんなある日、当時の上司であった沼部俊夫氏が私に声をかけた。

「ちょっと行くところがあるんだけど、一緒に来る?」

沼部氏は頭をつるつるにそり上げた強面で、やくざかと見まがうばかりの風貌だった。だが、性格はとても穏やかで優しかった。その容姿におさげのズラ（かつら）をかぶって、「おさげ沼リン」として画面にもちょくちょく登場していた。

そして何と言っても、「ジャニーズ番」としてジャニー氏と直で話ができる稀有な存在だった。他局のプロデューサーからも一目置かれていた。

そんな沼部氏から新入りぺーぺーの私に直々に声がかかったのである。

「何か特別なことがあるんじゃないだろうか」

そう直感したとしても、不思議はないだろう。

案の定、向かった先の後楽園スケートリンク（当時）にいたのはジャニー喜多川氏だった。

ジャニー氏は初めて会った私にこう言った。

「ユー、このなかでどれがいいと思う？」

目の前のリンクでは、ローラースケートを履いた少年たちが勢いよくぐるぐる円陣を組んで滑りながら、ジャニー氏と私たちがいる場所まで来るたびに「こんにちは！」と満面の笑みで元気よく叫んでゆく。

私は「あの子ですかね」とひとりの少年を指さした。

ジャニー氏は「ユーもそう思う？　なかなかセンスいいね」と言った。

あとになって知るのだが、この場はのちにスーパーアイドルグループとなる光ＧＥＮＪＩの最後のひとり、センターを選ぶ大事なイベントだった。メンバー7人のうちの「光」である2人と「ＧＥＮＪＩ」のうちの4人は既に決まっていた。

そしてそのときに選ばれたのが、光ＧＥＮＪＩのなかでも絶大な人気を誇った諸星和己氏であった。

私が指した少年は、諸星氏だったのだ。

このエピソードからわかるように、ジャニー氏という人は初めて会った相手にもわけ隔てなく接し、それがたとえ若造のADであったとしても気にすることなく意見を求め、その声を聞く耳を持っていた。

その一件がきっかけで、何となくジャニー氏は私に目をかけてくれるようになり、私は「ジャニーズ事務所担当（ジャニ担）」となった。そして光GENJIの絶頂期を目の当たりにし、のちに国民的アイドルとなる「SMAP」の誕生にも立ち会うことになる。

SMAPは当時、6名。最年少の香取慎吾氏は小学6年生だった。ほかのメンバーも含め普段は学校があるので、夏休みになるとまとめて撮影をするために千葉に合宿に赴いた。

夕方に撮影が終わったあとの私の仕事は、「風呂に入って、6時に大広間に集合！」とみなに号令をかけて大広間で宿題を教えることだった。同じ食卓を囲み、夜は一緒に雑魚寝をした。

いま思えば、一番大変だったが、一番楽しく充実しているときでもあった。

彼らは私を兄のように慕い、頼りにしてくれていた。私は彼ら一人ひとりを名字ではなく「拓哉」「正広」などと名前で呼んでいた。遊びたい盛りの年ごろでありながら厳しいレッスンや芸能活動で忙しい彼らは、「心細い」ところがあったのだろう。私によくなついてくれていたのではないかと思う。

私がジャニーズ担当として関わったのは、『ヤンヤン歌うスタジオ』をはじめとして光GENJIからSMAPにバトンタッチされたドラマ『あぶない少年』、デビュー前のSMAPをレギュラーに抜擢して毎週違う会場から生中継をするといった無謀の歌番組『歌え！アイドルどーむ』ほか、SMAPが司会の『ポップシティX』『朝シャン！音楽壱番館』『ヤンヤンもぎたて族』などかずかずの番組だった。

当時はスマホどころか携帯電話もなかった。収録や編集が終わってヘトヘトに疲れ果てて家に帰ると、家電が鳴る。出ると光GENJIのメンバーが「焼肉を食べに行きたい」とねだるので、またタクシーを拾って夜中に出かけてゆく。そんな生活だった。

そんなわがまま放題の彼らのおこないも、私には「頼ってくれているんだ」と思えて嬉しくもあった。

「ジャニーズ事務所担当」だった私が、知っていること

こんなふうに私は完全に少年たちの「おもり役」のような感じだった。彼らはおりにつ

け、「ジャニーさんがこう言った」とか「ジャニーさんはこうしてくれた」と目を輝かせて私にしゃべってくれた。

いつも彼らが強調して言うのは、「ジャニーさんはよく人の話を聞いてくれる」「こちらに意見を求めてくれる」ということだった。それを聞くたびに、私は後楽園スケートリンクでの出来事を昨日のことのように思い出していた。

ジャニー氏は、人の心をつかむのがうまい人だった。

私がジャニーズ担当のADだった1988年の年末、母がガンで亡くなった。するとジャニー氏は、葬式に「ジャニーズ事務所」と「光GENJI」という花だけでなく「喜多川擴《ひろむ》」という本名で大きな花を出してくれた。

いまのように情報があまりない時代だったので、私はそれを見て「ジャニーさんって擴っていう名前なんだ」と思ったのを記憶している。

前年の1987年に「STAR LIGHT」で華々しくデビューをした光GENJIの人気は絶大なものがあった。

光GENJIの人気ぶりを象徴するエピソードがある。

バレンタインデーのことだ。テレビ東京の神谷町社屋の前に、続々と工事現場用の大型ダンプトラックがやって来た。積んでいるのは砂利ではない。山のようなチョコだった。

そして、それを道路にガーッと落としてゆく。すべて光GENJIへの贈り物だ。テレビ東京では光GENJI主演の『あぶない少年』が放送されていたので、ファンはテレビ東京あてにチョコを送ってきたのだった。

もちろん、私の田舎の兵庫でもその人気に変わりはない。しかも、亡くなった母は小学校の教師をしていた。

葬儀に訪れた教え子たちが「光GENJI」からの花を見てざわつく声は、いまでも忘れられない。「えー、なんでこんなところに光GENJIの花があるの？　田淵先生とどんな関係？」という感じだ。私は誇らしく感じていた。

ジャニー氏は、そういうことをする人だった。

私はジャニーズ担当としてかなりの時間を所属アイドルの少年たちと過ごしていた。光GENJIをはじめとして、男闘呼組、少年忍者（のちの忍者）、デビュー前のSMAP、平家派、ジャニーズJr.……。

自分が関わっているすべての若者たちの誕生日を手帳に記して、その日が来るとプレゼントをあげるのを欠かさなかった。それほどまでに彼らと密に接していた。

だから私が後悔しているのは、あんなに多くの時間を一緒に過ごしていた彼らが「苦しんでいた」ことになぜ気がついてやれなかったのかということだ。

もしそのことに気がついたとしても当時の私の立場で何ができたのか、それは想像がつかない。

だが、少なくとも彼らの悩みを聞き、彼らと一緒に悩み、何らかの解決策を模索できたのではないか。そう思えて仕方がないのだ。

芸能界の不祥事にテレビはどれだけ責任を負うべきか

今回のジャニー喜多川氏の問題を経て、テレビに関する重要な論点が浮き彫りになってきた。それは、**テレビが扱う芸能人および芸能事務所に、テレビはどれだけ責任を負うべきなのか**ということである。

一部には、テレビ局も共犯者のように非難する報道も見受けられる。

しかし、テレビが芸能人や芸能界の不祥事にどれだけの責任を持てるかというと、**「それは難しい」というのが正直な実感である**。

テレビ局には独自のネットワークがある。例えばあるタレントが不祥事を起こしたとする。すると、夕方くらいには広告代理店（主に電通だが）から電波担当を通じて「明日のどこそこという雑誌にこういう記事が載る」という連絡が来る。そこには、次の日に発売されるはずの雑誌の記事まで添付されていることもある。

そしてそのタレントが出演しているCMや番組の洗い出しが始まる。番組提供からCMを外したり、番組から映像を削除したりするという作業が着々とおこなわれるのだ。

テレビは生身の人間を扱っている。その個々がどんなことをするかまで管理をすることはできないし、**それはテレビの役目ではない**。

また、ジャニー氏が性加害をおこなっていたことを知りながらジャニーズ事務所のタレントを重用したということに対する非難もあるが、テレビが個人ではなく集合体である以上、そのなかにはさまざまな意見や考え方があるため、統一見解を取ることは難しい。

現在でも、テレビ局の間で「ジャニーズ事務所のタレントを使うか、使わないか」という判断が割れているのがその証拠だ。

ジャニー氏の作り上げるエンタメの世界は優れたものだった。だからタレントは人気を得ることができたし、社会的に支持を得た。彼らを番組に出演させることで、テレビ局が視聴率を獲得していたという現実もある。そんな状況下では、どんな事情があったとしても「有利なパイを使わない」という選択肢はなかっただろう。

よいか悪いかを別にして、**テレビとはそういうものだ**。

だが、以上のことを踏まえてもテレビ局が責められるべき大きな「罪」がある。

それは、**2つの「認識不足」**である。

ひとつ目は、ジャニー氏の性加害の根底には**「少年への人権侵害」という大きな問題が潜んでいるということの認識不足**である。

私は35年前、ジャニー氏の同性愛指向を知りながら、愚かにも「少年たちが苦しんでいる」と気がつかないまま見過ごしてしまった。それは「人権侵害」という認識が欠けていたからである。

同じように、テレビ局もそういった認識不足から、「大きな問題」であるとは考えなかった可能性がある。

そしてもうひとつは、**「ものごとの重要性」に対する認識不足**である。

テレビは今回の問題が騒動になってもしばらく沈黙を保って、報道することはなかった。「週刊誌レベルの話」で「しょせん芸能界のこと」だという意識しかなかった。特にいま新しく起こったことでもないし、ジャニー氏の性的指向は業界人なら昔から誰でも知っているので、取り上げるまでもないと考えたのだ。

以上のような認識不足は非難されるべきであり、メディアとして許されるものではない。

当時、身近にいた私も含め深く反省しなければならない。

ではその代わりにいったい何ができたのか。

その問いの答えは簡単には出せない。しかし、いまは答えがないその「問い」をテレビに携わる人間、そしてテレビの電波を財産として保有する私たち一人ひとりが考え続けるべきなのではないだろうか。

さらにここまで記してきた2つの認識不足以上に、**「テレビの性癖」**とも言える問題がテレビ局と芸能プロダクションの間には横たわっている。

それは、過剰なまでの「忖度」である。

今回のジャニー氏の問題にテレビ局の忖度はあったのか。

そして、有力な芸能プロダクションへの忖度は本当に存在するのか。

次節で紹介する実例を読みながら、読者のみなさんそれぞれの答えを見つけてもらいたい。

ジャニーズ事務所への忖度

やはり、まずはこの話題から切り込んでいくしかないだろう。

タレント事務所、芸能事務所への忖度というとイコール「ジャニーズ事務所への忖度」というイメージが今回の問題で強まった。

1980年から1990年代にかけてちょうど私がテレビ業界に足を踏み入れた時期は、ジャニーズ事務所の全盛期であった。

たのきんトリオは健在で、シブがき隊、少年隊、そして前述したような光GENJIの大成功があった。ネクストジェネレーションとして、男闘呼組やSMAPがいた。

ドラマを企画しようとすると、必ずジャニーズ事務所のタレントが候補に挙がった。

現在ほど情報社会ではないだけに、一度生まれたトレンドやムーブメントに対して観客はいま以上に敏感だった。光GENJIを真似した小学生たちが、みなローラースケートを肩からさげて学校に行ったという社会現象は伝説となっている。

そんな飛ぶ鳥を落とす勢いの事務所に、誰が逆らえるだろうか。

少しでも歯向かうような素振りを見せようものなら、容赦ない制裁が加えられる。不利益をこうむるのだ。

その実例をここに告発しよう。

24年前の1999年、私はドキュメンタリーにその軸足を移し、ジャニーズ事務所どころか歌番組自体から離れていた。そのため、おぼろげな記憶しかない。

今回、当時を知る人物やテレビ東京OB5人に取材をおこない、その全貌を明らかにする。

特に当時の番組担当者のひとりは鮮明にことの次第を覚えていて、細かく証言をしてくれた。情報源として名前は明かせないが、この場を借りて礼を言いたい。

「ジュニアスキャンダル」の顚末

1999年1月、世間を驚かせた記事が写真雑誌『FRIDAY（フライデー）』に掲載された。

現在でも続いているこの雑誌は、当時は有名人のスクープをすっぱ抜くゴシップ雑誌として気炎を吐き、業界から恐れられていた。

そこに「スクープ‼　女子短大生たちが衝撃の告白・ジャニーズJr．4人が溺れた乱痴気パーティー写真」と題して未成年であったジャニーズJr．の飲酒・喫煙が大々的に報じられ、社会的に大きな話題となったのである。

この問題は「ジュニアスキャンダル」と呼ばれたが、その真相は決して語られることはなかった。ジャニーズ事務所が徹底的な箝口令《かんこうれい》を敷いたからである。

その裏事情をこの場で明かしてゆく。

実はこの問題にはテレビ東京が関係している。発端は当時、テレビ東京で放送されていた『愛ラブB．I．G．』という番組であった。

この番組の担当者のところにある日、ジャニーズ事務所の広報担当から電話がかかってきた。

「メリーさんが呼んでいる」

メリーさんとは、ご存じのようにジャニー氏の姉のメリー喜多川氏のことである。当時はジャニーズ事務所の副社長として経営全般を取り仕切っていた。同時に、トラブル処理係でもあった。

何事かと慌てた担当者がジャニーズ事務所に向かったところ、3時間も待たされた挙句（問題の対応で大わらわだったことが後で判明する）、

「FRIDAYに抜かれる。あなた、何してたの！」

とメリー氏にえらい剣幕で怒鳴り散らされたという。

聞けば、番組のスタイリストのそのまたアシスタントである男性が、ジャニーズJr．の4人を忘年会と称して喫煙や飲酒の場に連れまわし、その様子を写真に撮られ、それがFRIDAYに掲載されるというのだ。

担当者は「スタッフにどんな教育してるの！」とメリー氏から責められ、突然『愛ラブB．I．G．』の番組打ち切りを言い渡された。

すると今度は、それを察知した東スポが「J横暴！　スポンサー、テレビ局、ファンが継続望む番組を事務所が中止要請、前代未聞！」といった記事をすっぱ抜き、さらに怒り心頭となったメリー氏が要求してきたのは、

「テレビ東京は社長会見を開いて、『Jr．の4人は何も悪くない。彼らは犠牲者で、単にその場に連れていかれただけだ。悪いのはテレビ東京がスタッフをちゃんと管理していなかったからだ』と謝罪しなさい」

ということだった。

そして番組打ち切りについても「あくまでも局の都合と言うように」と強要してきた。テレ東は「うちのスタッフがしたことに関しては謝るが、FRIDAYにスクープされた場に社員がいたわけでもないのでそんな会見は開けない」と返したところ、メリー氏から即座に呼び出しがあった。

そのときの記憶が鮮明によみがえったのか、情報提供者の男性は一瞬、苦虫を嚙みつぶしたような顔をした。そして、そのときのメリー氏の言葉には耳を疑ったと話を続けた。

「そういう対応をするなら、今後、テレビ東京とはつき合えない。メリーさんにきっぱりとそう言われたんです」

テレビ東京とはつき合えない。

そう宣告されたテレビ東京はその後、数年間にわたり「ジャニーズ事務所のタレントはテレビ東京に出演禁止」というお仕置きを受けることになる。

出演禁止は、〝徹底的に〟誰一人としてだ。

私は何度もSMAPにドキュメンタリー出演の依頼をしたが、いつも「ジャニーが許してくれないから」という理由で断られ続けた。

これはテレ東内で、**「ジャニーズ冬の時代」**と語り継がれている。

さらにジャニーズ事務所のテレビ局への影響力、強制力をまざまざと見せつけられた問題が、「SMAP独立騒動」である。

いつまでも残る「SMAP独立騒動」の遺恨

前述した「FRIDAY事件」の例でわかるように、「ジャニーが許さない」「ジャニーが怒っている」と先方から告げられるそのほとんどはメリー氏が指図していた。ジャニー氏はそういういざこざやトラブルが大嫌いな人だった。

しかし、何かの強制力が発動されるときは必ず「ジャニーが……」となる。

それは「ジャニー氏＝ジャニーズ事務所」ということを誇示する目的と、もうひとつはメリー氏がジャニー氏の名前を笠に着ていたということもある。

当時のメリー氏の夢は、自分の娘・藤島ジュリー景子氏をジャニーズ事務所の後継者にすることだった。

だから、事務所内でめきめきと力をつけていたSMAPのマネージャー・飯島三智氏が邪魔だったのだ。

何とか飯島氏に難癖をつけて辞めさせる算段だったのだが、SMAPのメンバーが異を唱えたことが誤算となった。その結果、集団退所という事態を招いたことは読者のみなさんも周知の事実である。

2016年に起こったこの独立・解散騒動から7年も経ったいまでも、その影響は尾を引いている。

それほどまでに、この騒動は遺恨を残したのである。

当時はもちろんのこと、その後ずっとテレビ局はジャニーズ事務所への忖度のせいで、旧SMAPのメンバーである「新しい地図」の稲垣、草彅、香取の三氏を積極的に使うことは避けてきた。

私は青春時代をともに過ごしたSMAPへの思い入れが人一倍強かった。だから、ことあるごとに自分のドラマに「新しい地図」のメンバーを出演させたいと社内で提案し続けていた。

あるとき幹部から言われた言葉は、いまでも忘れない。

「そんなことをして、お前は責任取れるのか？」

新しい地図を出せばジャニーズ事務所を怒らせることになる。そういう意味だ。

またある編成社員がジャニーズ事務所のテレビ東京担当のマネージャーに「新しい地図を起用したら、事務所はどう思うか？」とやんわりと聞いてみたことがあった。

するとこう答えたという。

「止めはしませんが、ジュリーはあまりいい気がしないでしょうね」

静かな恫喝だ。

以上のように、ジャニーズ事務所にたてつけば痛い目にあうという長年にわたる「刷り込み」がテレビ局どころかマスコミ各社に浸透し、自然と「はれ物」に触るような対応が習慣化してしまったのである。

今回のジャニー氏の未成年者への性加害に関する問題は、これまでにも何度か発覚している。暴露本が出されたのも1度や2度ではない。裁判沙汰にもなっている。

これらの出版の際も、裁判でジャニー氏が敗訴したときも、テレビ局とほとんどのメディアはジャニーズ事務所の報復を恐れて報道しなかった。

このように**「テレビ局の倫理観」というのは一般的な倫理観と大きくかけ離れ、ゆがみきっている**のである。

有力芸能プロダクションへの忖度は本当にあるのか

誰かにそう聞かれると、私は「ある」と答える。

２０２３年の３月にテレビ局を辞めるまでの私であれば、「あるかもしれない」と答えただろう。

だが、テレビ局からフリーな立場となったいまははっきりと頷く。

では「忖度」と一言で言うが、それはどういったものなのか。

また、なぜ忖度がおこなわれるのか。

それを解明していこう。

忖度は、広辞苑では「他人の心中をおしはかること。推察」と解説されている。つまり忖度は〝一方的に〟おこなわれることで、そこには本来、「ウィンウィン」といった〝相互的な〟利害関係はないはずである。

しかし、テレビ局と芸能事務所の間には、れっきとした利害関係が存在する。

そのことが、さまざまなゆがみや腐敗を生んでいる。

テレビドラマは通常「ワンクール」と言われる3か月単位で番組が入れ替わる。昔はもう少し長いスパンだったが、時代の流れで放送も時短化した。

そして**各局が目玉としているドラマ枠の主演俳優は、ほとんどが数年先まで決まっている**。

「決まっている」と言ったが、もちろん、これは公表されていないし一部の当事者しか知らない。暗黙の了解である。

いわゆる「握り」というもので、「では、○○年の○月クールは誰々さんで宜しく」的なテレビ局と芸能プロダクション間の慣習的な約束事である。

みなさんは決まった主演俳優が局を違えて立て続けに出ているのを目にして、「なんかおんなじ出演者ばかり見るなぁ」と感じたことはないだろうか。

あるとしたら、その感覚は正しい。

ドラマの内容や脚本家、共演者などのいわゆる「座組み」。時間帯や時間枠などの「枠組み」。それら2つの「組み」がまったく決まらないうちに主演俳優を「ベタ置き」するから、そういう現象が起こるのだ。

実は**テレビに出ている有名人が食べてゆくための収入源は、テレビではない。**

番組の出演料など、たかが知れている。テレビはあくまでも宣伝媒体に過ぎない。

タレントや俳優、アーティストやその事務所にとっては、自らを宣伝できる「場」を提供してもらっているだけなのだ。

例えば音楽番組の場合、フジテレビの『ミュージックフェア』の番組制作費は1，100万円くらい、テレ朝の『ミュージックステーション』でも1，800万円止まりとそんなに高くない。

あれだけたくさんの豪華なアーティストが出ているのに、どうしてそんなに制作費が抑えられるのか。

それは、アーティストにとってテレビ出演は楽曲売上のためのプロモーションと考えられているため、出演料が高くないからである。

では、有名人の生活の糧はどこにあるのか。

そう、CMだ。テレビ局がおもにスポンサー企業のCMを流す枠を売って収益を上げているように、CMなどの宣伝には莫大な金銭が動く。

タレントやその事務所にとっても、CM契約を獲れるかどうかということが死活問題であり、そのタレントの価値を決めると言っても過言ではない。

事務所はCMを獲得しようと躍起になる。それはそうだろう。契約が一本取れれば、数千万円の世界である。

企業がＣＭにそのタレントを起用するかどうかという「バロメーター」は、番組に〝よく〟出ていて視聴者の認知度が高いタレントである。言い換えれば、人気番組に出演している、もしくは視聴率が獲れている（＝たくさんの視聴者がその番組を見ているであろう）ドラマに出演しているような俳優なのである。

知らないタレントが宣伝をするよりなじみの深い俳優が宣伝したほうが、商品や企業の訴求力が上がるのは明白だ。

したがって、ＣＭ契約を獲るための一番手っ取り早い方法は「常にテレビに出ていて、露出が多い」ということになる。だから事務所側もずいぶん先の予定まで所属俳優の出演を決めようとするのである。

俳優やタレントの賞味期限は限られている。

その賞味期限は、本人どころか事務所にも計り知れない。いま売れている俳優であったとしても数年先はわからない。だが、そのタレントに先行投資をしていた場合には回収をしなければならない。

そんな理由から、局への影響力がある事務所はよい放送枠があればそこに自社タレントを「ベタ置き」することでリスクヘッジをするというわけだ。

テレビ局側にとっても制作が決まるたびに毎回頭を悩ませる主演俳優のキャスティングの手間が省けるばかりか、CMにも出演している〝流行りの〟俳優をいち早く押さえられるメリットは大きい。

担当のプロデューサーは自分自身が安心感を得られるのと同時に、そういったネームバリューのある俳優を押さえられる実績を社内外に誇示できる。

そこで登場するのが、「バーター」というシステムである。

「バーター」というシステムが生み出す功罪

バーターはビジネスでは「交換条件」といった意味で使用されることが多く、「Give and Take」の関係に近い。

例えば、売れている俳優のバーターは何だろうか。

事務所は人気のある俳優を差し出す代わりに、交換条件として「売り出し中の俳優」や「これから売り出したい俳優」を出演させるようにテレビ局に要求する。

これがキャスティングにおけるバーターである。

よほど詳しい人でないと、普通の視聴者はどの俳優がどの事務所に所属しているかなどわからない。

しかし、もしそれを知っていたら、主演俳優という「太陽」を取り巻く「惑星」のようにひとつのドラマのなかに同じ事務所の俳優がちりばめられていることに気がつくだろう。

ときには、事務所からの要求がなくても局側や制作会社のほうから出演者事務所への忖度がおこなわれ、「○○さんもどうでしょうか？」とか「○人くらいは何とかできます」などという提案によってバーター契約は効率よく進められてゆく。

そのようにして、局や制作会社のプロデューサーと芸能プロダクションの蜜月関係は構築されてゆくのである。

「忖度の権化」とも呼ぶべきバーターというシステム。一見不必要で不純に思えるこの悪習も違った視点から観ると次のように考えられないだろうか。

テレビ番組は人間が作り出すものである。そしてそこには必ず人の「業」や「欲」が絡んでいる。

だからこそ人間関係というものが重要になる。

つまり、バーターをしようがしまいが、いいキャスティングをできるということはその人間が優れた人間関係を築くことができているという証拠でもある。

「テレビ＝サービス業」と考えれば、「視聴者が喜ぶ」もの、「視聴者が望む」ものこそが正解だ。視聴者は誰しも豪華なキャスティングのドラマを見たいに違いない。いいキャスティングをして作品のクオリティを上げて、視聴者に喜んでもらうのに越したことはない。テレビはやはり第一には「世間＝視聴者」のためにあるべきだと、テレビから離れて改めて強く感じる。

昔、フジテレビのキャッチフレーズに「楽しくなければテレビじゃない」というのがあったが、これなどはその最たるものではないだろうか。

「楽しい」はまず創り手にとって番組を作っていて楽しくなければならないが、それは視聴者を楽しませるためである。そしてそれを突き詰めるためには手段を選ばないという「がむしゃらさ」や「ひたむきさ」が、かつてのテレビにはあった。

それがテレビを活気づけてもいた。

バーターも然り、忖度も然り、それらは「トレンド＝視聴者が求めているもの」を的確に提示しようとする、**テレビのサービス精神のあらわれ**なのである。

そしてそのことで結果的にクオリティがいいものが生まれ、視聴者にとってもメリットとなっていることが、テレビが文化であることの証《あかし》なのではないだろうか。

また事務所への忖度をおこなうことで関係が強固になってゆけば、それはテレビが配信に勝てる優位性にもなるだろう。忖度もうまく使えば効果的な武器となる。
忖度から生まれるのは、デメリットだけではないのである。

第4章

病症Ⅲ：「何さまだ！」と突っ込みたくなるような強権を振るう「不遜」や「横暴」

誰のための番組か

そもそも、テレビの番組は誰のためにあるのか。

当たり前すぎる問いなのか、これはあまり真剣に考えられていない気がする。

近江商人の経営哲学に**「三方《さんぽう》よし」**という言葉がある。

「売り手よし」「買い手よし」「世間よし」という3つの「よし」を指し、商売において売り手と買い手が満足するのは当然のことで、社会に貢献できてこそよい商売であるという考え方だ。

これをテレビに置き換えてみよう。

この場合の三方とは、「創り手（役者や制作者など）」「スポンサー」「視聴者」となる。スポンサーの利益だけを追求してもダメだし、創り手の都合だけでも成立しない、視聴者が満足するだけでも意味がないということだ。

三方よしの一番はもちろん、「視聴者」だ。そして同時に、番組を作っているクリエイターたちのためでもある。またビジネス的や産業的には、スポンサーや企業のためという考え方もあるだろう。

つまり、本来テレビ番組はさまざまな立場の人たちにとってのものであり、それらみなの思いや言い分が均等に保たれていれば全員が「ウィンウィン」になるはずなのである。

だが、**現実はそううまくはいかない**。

視聴者のことを考えずに創り手の独りよがりの番組になってしまったり、スポンサーへの忖度が過ぎることでこれまで記してきたような「過剰なコンプライアンス遵守」がおこなわれてしまい創り手の思いを無視した結果となったりする。

「テレビ番組は平等にみなのもの、みなのためであるべき」という根本を見失っているからである。

しかし、ここで発想を変えてみたらどうだろうか。

テレビが「テレビ番組は誰のためか」という当たり前のことを「見失っている」のではなく、**「あえて見ようとしていない」としたらどうなのか**。

そして、もしあえて見ようとしていないのだとしたら、何のためなのか。

その答えは**「生き残るため」**だと私は考えている。

本書で実証してきたように、いまテレビは崖っぷちに立たされている。黒船は押し寄せ、配信化の波に飲み込まれようとしている。

そんなとき、多少の犠牲は覚悟のうえで生き残ろうとする必死の策が「テレビは誰のものか」を見ようとしない戦略なのではないか。

だが、そんななりふり構わないやり方をしているうちに、テレビはとても不遜で横暴な存在になってきてしまった。「何さまだ！」と突っ込みたくなるほどの強権を振るうようにもなった。

この章では、そんなテレビの実態を冷静に分析してみたい。

テレビ局が報道する犯罪ニュース

読者のみなさんは、テレビのニュース番組でよく「○○事件の犯人は○○でした」といった表現を目にするだろう。凶悪な事件の結末をセンセーショナルに報道し、かき立て、世間の耳目を集めるのがその手法だ。

これを見た多くの視聴者は「あの事件もついに解決したか」とか、「ようやく犯人が捕まった」と安堵の胸をなでおろす。同時に「ざまあみろ」や「結局、逃げ切れないで捕まったな」と思って溜飲を下げるのである。

問題はここにある。

テレビは被疑者が警察に逮捕されたという事実のみでその被疑者を犯罪者と決めつけ、事件はそれで終了したかのように扱う。実際にはその被疑者が犯人かどうかは、その後の取調べや裁判などのさまざまなプロセスを経て初めて判明するはずだ。被疑者の段階では、誰が犯罪者かは警察にすらわからないのである。

そうであるにもかかわらず、テレビは被疑者を犯罪者として扱って曖昧なニュースソースによる情報を発信することで世間の注意を引いて、勝手な解釈を押しつける。

その結果、多くの視聴者はそれを信用してテレビの解釈を「事実」として受け止める。

さらに最近のテレビ番組の傾向を分析すると、もうひとつのある危機的な傾向が浮かび上がってくる。

人々の「不安」をあおるような報道や番組が増えているということだ。

それはコロナ禍が激しくなったころから顕著になった。

コロナ禍報道に垣間見える「あおり」

コロナ禍に関するテレビ番組で当時目立ったのは、ワイドショーなど情報番組における過剰に〝危機感をあおる〟報道だ。

「対応が遅すぎる」「医療は崩壊の危機を迎えている」といった表現を例として挙げることができるが、このほとんどが高齢の視聴者が多い番組でおこなわれている。

そして**そのやり方は巧妙である**。

不安をあおるだけあおって、そのあとにその「不安」を解消するかのような（本当に解消できているかどうかは誰にもわからない）番組運びをするのである。

いわゆる「視聴者の期待に応えている」というアピールをしてゆくわけだ。

「みなさん、こんなに感染者が増えています。出歩かないようにしましょう！」

「なんでPCR検査を受けられないんでしょうね？　不安ですよね？　いますぐ受けたいですよね？」

「お年寄りは気をつけているのに、若い人は自覚がないですねぇ」

「政府はどういう対応をしているんでしょうか！」

不安をあおるだけあおって、「だからこうしたほうがいい」と語る内容には何の根拠もない。

視聴者は大衆心理の塊である。

不安に思っていなかったことも、「不安ですよね？」と尋ねられると「そうだ」と答える。

そして自分の不安を代弁してくれているのだと思い込むのである。

「不安ですよね？」と問われて、「いいえ、私は何の不安もありません！」と言い切れる人はなかなかいない。

そんな心理をよくわかっていて利用しているのが、テレビ番組なのである。

テレビで自分の不安をかたちにして放送してくれているのを確認できると、視聴者は「あぁ、私だけではない。みなも不安なんだ」と安心する。

「赤信号みんなで渡れば怖くない」の心境だ。

そしてテレビは最終的に「政府の施策が悪い」「自治体の対応が遅い」と体制を責める論調に持ち込み、不安を解消するかのように思わせる。

かといって、テレビが政府や自治体に施策や対応を変えるように働きかけをすることはない。

庶民とは次元が違う体制批判なので、批判をするだけで終わり。視聴者の溜飲を下げることだけが目的なのだ。

こういった「恐怖や不安をあおる番組」ほど、視聴率を獲る。

人間の「絆や共感のゆがみ」を利用した巧妙な策略なのだ。

「絆や共感のゆがみ」を利用した番組作り

京都大学大学院医学研究科の鄭志誠氏らの研究によると、人々の絆や共感といった本来

〝ポジティブ〟とみなされる概念が非日常の状況下においては負の側面を露見することがあるという。

鄭氏らは分析的文献レビューと質的調査により、社会の絆や共感がもつ両側面をコロナ禍の体験と関連づけて分析をおこなった。

その結果、コロナ禍においても人々のつながりを大切にする態度や共感的な表現はソーシャルメディア等を通じて孤独感を和らげ、社会の絆を高めていることがわかった。

しかし、他方で人々とのつながりが同調圧力を生み、過剰に自分の状態（例：コロナ陽性）に対する噂や中傷を恐れたり自分とは異なるグループ（例：非ワクチン接種者）への偏見や攻撃的行動を誘発したりすることが示された。

つまり**「コロナ禍でゆがんだ社会の絆が恐怖や偏見、対立を助長する」**というのが鄭氏らの警鐘だが、こういったゆがんだ共感をあおることでテレビ番組は高い視聴率を獲得しているのである。

いまこのときもテレビ局は事件、事故、災害、紛争、環境破壊、企業の不祥事や隠ぺいなど「怖いけど、不安で見てしまう」という刺激的なネタを次から次へと探し出し、視聴者に提供することを繰り返している。

それでも信頼されるテレビ報道

こんなことがあった。大学の授業の折に、2023年6月29日に起こった「鶴見女子大生刺殺事件」に関するニュース報道の話題に至った。

私は犠牲者となった女子大生の写真が派手なネイルやケバめのメイクだったことや友人のインタビューがすべて男性だったことを取り上げて、「これらはメディア・コントロール（情報操作）だということは考えられないかな?」と水を向けてみた。

すると、ほとんどの学生が口を揃えて「それはないと思う」と答え、理由を尋ねると「テレビに限って」と語ったのである。

続けて「ほかにも写真があるのに、あえてその写真を使っているってことはないのかな?」とか「ほかに女性の友だちのインタビューが撮れているけど、そっちはカットしたということは考えられない?」と聞くと、学生たちは「そんな写真がないから、いまの写真を使っているんじゃないでしょうか」「（女性の友だちの写真が）撮れていたら、（それを）使うと思います」と即座に返答した。

この受け答えは視聴者感情をよくあらわしている。

学生たちの発言を聞いて、私は正直「あまい」と思った。「テレビを過信し過ぎている」

と。

はっきり言おう。**いまのテレビに「良心」などない。**それは、この事件の翌々日に新聞で発表された被害者女性の家族のコメントによくあらわれている。

「誤った情報がまことしやかに報道されていること。悪意のある情報操作。私たちの住まいはもちろんのこと、○○の祖父宅にまで押しかける報道陣のモラルのなさ。（中略）好奇心を満たすための憶測や誤った情報で娘をこれ以上傷つけないでください」（2023年7月1日付東京新聞朝刊より抜粋、○○は故人のプライバシー保護のために筆者が伏字とした）

テレビにモラルなどない。

個人のプライバシーにまで入り込み、事件をおもしろおかしく「好奇心」のままに報じる。それは前記の「被疑者を犯人のように報道する」手法と同じである。

テレビ局にとって興味があるのは、「ニュース性のあるネタ」である。それは視聴率を獲るためにほかならない。

今回のケースで言えば、被害者女性が〝品行方正である〟より男友だちが多くて派手な〝いまどきの〟若者のほうが都合いい。ニュース性があり、視聴者受けがいいからだ。

そしてテレビは「お気の毒です」という前置きをして薄っぺらで欺瞞的な良心を振りか

ざしながら、「いまのその心境を聞かせてください」とずかずかプライバシーに入り込んでくる。

一方で、大学での学生たちの例のように**視聴者のテレビ報道に対しての信頼度はいまだに高い**。

電通総研が発表した最新の「世界価値観調査」によると、ほかの先進国が「新聞・雑誌・テレビを信頼できる」とした率は5割以下だったが、日本だけ7割近くと高かった。「世界価値観調査」とは、世界数十か国の大学・研究機関が参加し共通の調査票で各国国民の意識を調べて相互比較したデータである。

このように、日本においてはテレビに対する一般人の信頼は厚いのである。そして実はそれが、**腐敗しつつあるテレビにとっての一筋の「光明」**なのだ。

テレビは世の人々からの「信頼感」を大切にしなければならない。そして、信頼されているのだということを再認識する必要がある。

それこそがテレビの腐敗を止め「オワコン」にしないための、一番確実な道なのである。

なぜ、このようなことが起こってしまうのか

しかし、なぜテレビは放送の公平性や公正性をかなぐりすてて、視聴者の信頼を裏切るようなことをするのだろうか。それはわざとなのか。それとも、そうしなければならない大義名分があるのだろうか。

いよいよ、この章の核心に迫ってきた。

テレビ局にとって、情報が商品。商品は売れなければならない。

メディアにとっては、犯人が誰であるかを慎重にあぶり出すことよりも、不充分な情報であっても「事件の解決」というセンセーショナルなニュースのほうがよほど「商品」としての価値がある。

またテレビ局は、自分が放送した内容に関してはほとんど責任を負わない。

「誰々が犯人であった」と言った翌日に、「誰々は実は無関係であった」と平気で報道することもままある。

テレビ局にとって、真実を追求することよりも商品が売れることのほうがはるかに重要なのだ。

それはどうしてなのか。

テレビ局もほかの企業と同様に利益を最重視する株式会社だからである。しかも、在京テレビ局はすべてホールディングス化した上場企業である。

視聴率を獲り、広告収入を増やし、利益を上げることが会社としての生き残り策となったいま、報道番組は視聴者に対して「ゆがんだメディア・コントロール」をおこなう装置になりさがったと言える。

そんな事実を当事者であるテレビ局員たちはよくわかっている。

でも、変えられないのだ。

すべての元凶となっているのは、視聴率をベースに放送収入を得ているという時代錯誤なビジネスモデルにあり、そこから抜け出せないことである。

テレビ局員のなかには、いまだに0・1%の視聴率を上げることに血眼になっている者が数多くいる。本当はそんなことは意味がないのがわかっているのに、である。

配信での視聴が幅広い世代に浸透し、「見たいときに見たいものを見る」「リアルタイムで見なくても見逃しで見ればいい」というように考える人がほとんどになったいまでも、「リアルタイムで見てもらう」という目標を掲げてそれに向かってまい進しているのが〝前世代的な〟テレビ局という組織なのである。

若いうちは「よし！　そんな旧態依然とした考えを打ち破ってやる！」と意気揚々とし

ていたクリエイターたちも、テレビ局の収益構造が「第一に地上波の広告」であることやそれをなかなか変えられないことがわかってくるにつれ、愛想を尽かしてしまうのだ。

テレビの過剰な「金もうけ主義」

現在の日本の民間放送のテレビ局は、すべてが株式会社である。会社を経営してゆくためには営利を追求しなければならない。

そんな生きてゆくための糧の前には、「放送は文化だ」などといったきれいごとは何の役にも立たない。

動画配信サービスにおいて圧倒的なユーザー数を誇るＹｏｕＴｕｂｅが誕生したのは、２００５年。２年後の２００７年に日本語対応になって急速に発展した。同時期の２００５年には日本テレビ、２００８年にはＮＨＫがオンデマンドサービスを開始している。

テレビ東京は、早くから放送からの収入である「放送収入」ではない「放送外収入」、具体的には配信や映像販売という「ライツ事業」の重要性を認識していた。

それは他局より10年以上も設立が遅れたためネット局や視聴率への新規参入がかなわなかったテレ東にとって、「生き残り戦略」とも言えるものだった。

1996年にはすでにデジタル全盛期の到来を見据えて、他局に先駆けライツビジネス部門の一元化に着手している。それまでは二次利用部門をネットワーク局番組推進部、ライツ推進部と映像センター（部分使用販売）に分散し、一次投資セクションはソフト開発局内の映像事業部とソフト事業部が担っていた。これらすべてを統合した「ソフトライツ局」を新設したのである。

2023年4月現在は、「コンテンツ・プロモーション会議」というセクションのもとに番組制作と運用の2つの部署を統合して、すべての映像コンテンツを集約している。これらの組織再編は、「テレビ局は番組作りだけではもうダメ。**作った番組をコンテンツとしてどう運用できるかが勝負**」というテレ東の考えを如実にあらわしている。

2023年3月期決算時に発表した「通期決算補足資料」においても、収益構造改革で「放送」と「アニメ・配信・ショッピング」の割合を22年度の「5：5」から25年度は「4：6」にすると宣言している。

私がテレビ局に入社した1986年のころは、テレビ番組は「地上波で放送して終わり」だった。それが1990年代から2000年の初めくらいまではDVD化などの「二次利用」がおこなわれるようになり、配信の出現とともにテレビは番組を作る「creation（創造）」の時代から番組を財産として活用する「operation（運用）」の時代へと移行した。

そうした流れのなかで、クリエイターに求められる能力も「おもしろい番組を作れる」ことではなく、「配信で売れる＝再生数が稼げる」企画を生み出すことへと変わっていった。

地上波を主戦場としてきたクリエイターたちは、「視聴率」を獲ることを第一義としてきた。そしてその訓練を徹底的に受けてきた。どうすれば視聴者に見てもらえる番組になるのか、視聴者がおもしろいと思うものは何なのかを常に追求してきた。

だが、徐々に「視聴率を獲るだけでは誉めてもらえない」という風潮が蔓延してゆく。

またテレビという放送文化を意識して番組作りをおこなってきた世代は、「いい番組」作りをしようと心がけてきた。

「いい番組」とは、例えば視聴率は獲れなかったが内容的にクオリティがいいものであったり、社会的に意義があるものだったり、世のなかに影響を与えたり、視聴者の反響が大きかった作品である。

そういう作品を世に送り出すことが私たちのモノ創りマインドのモチベーションとなっていたし、プライドの拠りどころでもあった。

しかし、テレビ局が持株会社（ホールディングス）化しそこに配信化の波が拍車をかけ、いまのテレビ局が目指すのは一にも利益、二にも利益である。「マネタイズ」「前年比、何パーセント増」とケツを叩き続けられる。

そんな社内の雰囲気と状況の変化をもっとも敏感に感じているのが、制作現場にいるクリエイターたちなのである。

視聴率を獲ってても誉められない、かといっていい番組を作ったつもりでも誰もそこを見てくれないとなるとどんな番組を作ればいいのかがわからなくなり、現場はどんどん疲弊してゆく。

そんな悪循環が現在、テレビ局において散見される。

「マネタイズ」という、あくなき行軍

そもそも地上波テレビと配信の視聴者の嗜好性は同じではない。

地上波には、ある程度落ち着いた環境で作品を楽しみたいという視聴者が多いだろう。だからどうしても高齢者や在宅者が多くなる。

その反面、配信にはテレビでは表現できない刺激的なものやある意味で振り切った作品を隙間の時間で見たいという人が多い。特にスマホユーザーにとっては、配信の映像コンテンツは移動時間や何かをする合間に見るものだ。自然と若者や働いている人が多くなる。

仕事が終わって帰宅して見るにしても、好きな時間に楽しめる。

このように、**地上波と配信とでは訴求対象がまったく違う**のである。

その両方に〝ウケる〟作品を作らなければならないのだから、一筋縄ではいかないのは当たり前だ。

視聴デバイスによるコンテンツの「すみわけ」の重要性は、政府と総務省の方針でBSチャンネルを開設しなければならなくなったときに身にしみて痛感したはずだ。なのに、テレビはまた同じ失敗を繰り返そうとしている。

その結果、疲弊したクリエイターが「このままテレビ局に在籍していると、地上波と配信両方にウケるという〝どっちつかずの〟作品を作り続けなければならない」と悩み、「それならばテレビ局を辞めて、その時々で放送や配信に合った自分が作りたい作品を作ったほうがよい」と独立の道を歩むのだ。

「マネタイズ」を逆転の発想で観てみる

ここまでテレビ局の拝金主義かつ妄信的な「マネタイズ」の実態を暴いてきたが、人間に長所と短所があるようにも**ものごとにもマイナス面があればプラス面もある。**

例えば、番組を地上波の視聴率だけで評価するのではなく配信の再生数などの指標を加えて評価するようになったことは、評価の幅を広げたという意味でとてもよいことだ。

地上波は「他局との競合」という同時間帯における裏環境が大きく影響する。たまたま同じような番組が重なってしまうことも多々ある。

そういう場合は互いに不幸ではあるのだが、偶然性に左右される評価ではなく配信というわゆる作品への評価が純粋化される環境でのデータ指標は、クリエイターたちにとってもありがたい。

特に、テレ東のように地上波視聴率においては常に見劣りしていた局には追い風となる。

テレビ局の上層部からは地上波と配信の「両取り」を要求されるというシビアな面はあるが、現場レベルではもう少し寛容的なところがある。視聴率があまりよくなかったが、配信での再生数を稼いだことで高い社内評価を受けることがあるのだ。

私がプロデュースを担当した石原さとみ氏主演のドラマ『人生最高の贈りもの』は、正月期間の放送であったことや裏にフジテレビの『教場』という強力コンテンツが来たことによって、地上波リアルタイムでの視聴率はそんなにはよくなかった。

しかし、配信ではＴＶｅｒで再生数１００万回を超えるなど、テレ東のスペシャルドラマ史上初の快挙となった。そのことで社内表彰も受けた。

このようなケースからわかるように、地上波視聴率と異なった評価指針ができたことは必ずしもマイナス面だけではないのである。

また、過剰なマネタイズに関してはこういった考え方もできるのではないだろうか。テレビ局が企業として収益を上げられているから、視聴者は「無料放送」を享受できている。過剰なマネタイズに疲弊したクリエイターが会社を辞めてゆく現状も、「商機」という点においてはメリットである。これまで〝年功序列的〟であった業界に「下剋上」や「逆転劇」が生まれ、若者たちの出番となるチャンスが増えるからである。

大学を卒業して入社する若者たちはちょうど2000年代生まれに突入した。

2000年と言えば、Googleが日本語の検索サービスを開始した年である。彼らは私のように仕事をしてきたなかでインターネットが誕生して「それになじんでいった」世代ではない。生まれたときからインターネット環境の真っただ中にいる、いわゆる「デジタル・ネイティヴ」である。

デジタルを知り尽くし使いこなしている彼らにとっては、「放送にも配信にも適応できる」作品を生み出すことはたやすいことかもしれない。まったく新しいスタイルの映像コンテンツが生まれる可能性は大いにある。

そんな未来を期待したい。

第5章　テレビは滅びるのか

テレビの足を引っ張っているバラエティ番組

ここまで記してきたように、テレビ局の救世主とも言えるのがＴＶｅｒというビジネスモデルである。このステージでどんなポテンシャルを発揮できるかが、テレビのゆく末を決めると言っても過言ではない。

２０２３年８月、ＴＶｅｒの月間ユーザー数が３，０００万ＭＵＢと過去最高記録をさらに更新したことがわかった。

ＭＵＢとはＭｏｎｔｈｌｙ Ｕｎｉｑｕｅ Ｂｒｏｗｓｅｒｓの略で、文字通り月間のユニークブラウザ数を意味している。ユニークブラウザ数はＴＶｅｒを訪れた重複のないユーザーの数をあらわし、ひとりのユーザーが何度ＴＶｅｒを見ても「１人」とカウントされるため、データの精度と信頼度が高い。

ＴＶｅｒは２０２３年に入って、ＭＵＢの最高新記録更新が今回で５回目。快進撃が続いている。

しかし、ジャンル別に見ればバラエティはこのビジネスに貢献できていない。

みなさんのなかにはもちろん、「バラエティが好きだ」という方もいらっしゃるだろう。まずはデータから分析してみよう。

2023年8月にTVerから発表された「2023年4-6月期 総合番組再生数ランキングトップ20」に目を向けてみたい（次ページの表①参照）。表を観てわかるように、1位の木曜劇場『あなたがしてくれなくても』（フジテレビ）をはじめとして10位内にランクインしているのはすべてドラマだ。

一方、バラエティは12位に『水曜日のダウンタウン』（TBS）がランクインしたが、20位に入っているのはこの番組を含めてわずか3作品のみ。完全にドラマの独壇場である。

なぜ配信において、バラエティの再生数が伸び悩んでいるのか。

その理由は、現在のテレビにおけるバラエティ番組の特徴を冷静に観察してみれば平明である。

この再生数ランキングの結果を「バラエティはコンプライアンスが求められ、表現の自由が制限されているから」という理由で片づけるのであれば、それは報道やドキュメンタリーはいわんや、ドラマにおいても同じ条件下にある。

バラエティに限ったことではないし、コンプライアンスが厳しいのであればその制約を乗り越えて表現できるものを模索するべきだろう。

「コンプライアンス遵守」を言い訳にするのは、自らの制作能力のなさを露呈しているようでなさけない。

**表①TVerによる2023年4-6月期
総合番組再生数ランキングトップ20**

1位	フジテレビ 木曜劇場『あなたがしてくれなくても』	5,481万
2位	TBSテレビ 火曜ドラマ 『王様に捧ぐ薬指』	3,589万
3位	フジテレビ 月9 『風間公親―教場0―』	3,056万
4位	日本テレビ 金曜ドラマDEEP 『夫婦が壊れるとき』	2,914万
5位	TBSテレビ 日曜劇場 『ラストマンー全盲の捜査官ー』	2,571万
6位	フジテレビ『わたしのお嫁くん』	2,457万
7位	カンテレ 月10 『合理的にあり得ない 探偵・上水流涼子の解明』	1,801万
8位	テレビ朝日 『unknown』	1,727万
9位	日本テレビ 土曜ドラマ『Dr.チョコレート』	1,622万
10位	TBSテレビ 金曜ドラマ 『ペンディングトレイン―8時23分、明日 君と』	1,553万
11位	テレビ東京 ドラマParavi『隣の男はよく食べる』	1,431万
12位	TBSテレビ『水曜日のダウンタウン』	★1,308万
13位	日本テレビ 日曜ドラマ『だが、情熱はある』	1,260万
14位	読売テレビ『名探偵コナン』	1,031万
15位	テレビ朝日『アメトーーク!』	★960万
16位	ABCテレビ『日曜の夜ぐらいは…』	928万
17位	フジテレビ『人志松本の酒のツマミになる話』	★917万
18位	読売テレビ『勝利の法廷式』	886万
19位	テレビ朝日 木曜ドラマ『ケイジとケンジ、時々ハンジ。』	873万
20位	日本テレビ 水曜ドラマ 『それってパクリじゃないですか?』	830万

★はバラエティ番組　＊TVer発表ランキングより

コンプライアンスに縛られクレーム対策によって表現の幅が狭まるのは、時代の流れで仕方がないことだ。いまさらそれを言っても始まらない。

「グルメ」「ショッピング」「クイズ」ばかりに偏重していることを理由に挙げる人もいるが、視聴率を狙うためにファミリーターゲットの内容にせざるを得ないのは当然である。

またジャンルが「グルメ」「ショッピング」「クイズ」に偏ったとしても、肝心なのは「何をやるか」や「どう見せるか」である。想像力や創造力が欠けているから、同じような番組が並んでしまうのだ。

「同じ出演者ばかりを見る」という指摘もあるが、それもクリエイターのキャスティング能力や演出力の欠如に起因する問題で適切な分析にはなっていない。

「バラエティが配信において支持されない理由」として私が指摘したいのは、最近のバラエティ番組のある顕著な傾向である。

読者のみなさんは、いったい何だと思われるだろうか。

それは、**企業とのタイアップ企画とおぼしき番組が目立つ**という点である。

タイアップ企画が目白押しのバラエティ

2023年7月8日放送の『ジョブチューン』（TBS）は、「第2回大人気チェーン対抗！アレンジバトル最強決定戦！」と題してイオン、大戸屋、餃子の王将、串カツ田中、スシロー、ペッパーランチのメニュー開発者が市販の商品をアレンジして対決するという企画だった。

同年7月4日の『家事ヤロウ!!!』（テレ朝）は、平野レミと和田明日香が大型倉庫店へ行くという企画で、爆買い必至の「常連リピ買い商品ベスト15」を挙げて焼き鳥やスイーツなどのレシピを紹介するというものだが、その大型倉庫店とはコストコであり全編にわたってタイアップの臭いがプンプンとする内容だった。

『林修のニッポンドリル』（フジ）は、2022年には業務田スー子が100均のSeriaや激安スーパー・セイミヤ、ベイシアなどを調査するという名目で全面的に店を宣伝するシリーズや池袋東武、西武池袋本店などのデパ地下売上番付を紹介するシリーズなどを頻繁に放送していた。

3月21日に終了した『所JAPAN』（関テレ）もよく大手チェーン店と食品メーカーをフィーチャーした企画をおこなっていた。

以上のように、民放各局の看板バラエティには企業色が濃い番組がズラリと並んでいる。

これらのタイアップ企画は、4年前くらいから多く見られるようになった。

私の分析では、**この傾向はコロナ禍に関係している**。

コロナ禍が原因で、店舗やレストランで表立って取材をすることが難しくなったテレビ局と集客や来店が減った企業側の利害関係が一致したのである。

当時はラテ欄（番組の内容をあらわす番組表）や番組内のサイドテロップ（画面の四隅に表示される文字）にも堂々と企業名や店舗名、商品名を入れていたが、最近では「大型倉庫店」（実は、コストコ）などのようにあからさまな表現は避けるようになっている。これはおそらく、企業側からの要望もしくはテレビ局の忖度のせいだと思われる。

なぜこのように企業側からの要望がまかり通ったり、テレビ局が企業に忖度をしたりするのだろうか。

それは、これらのタイアップ企画の裏では多額の「協力金」が企業やメーカー側からテレビ局、番組制作サイドに流れているからだ。

だが、テレビ局から見ればかなり〝おいしい〟番組企画もこれほど企業色が色濃く出ていると配信には運用できない。

視聴者側からすれば地上波のリアルタイムで〝その場限りに〟見るにはよいが、配信で改めて見ようと思ったり、わざわざ放送から時間をおいて見たいと思ったりはしないからだ。

また、ある企業に偏った内容は普遍性や信ぴょう性に欠ける。

以上の事象は、逆のとらえ方をすればテレビ局は**バラエティにおいては配信よりリアルタイムの地上波視聴率を狙いにいっている**と解釈することができる。

もちろん、そのほうが多額の協力金を払っているスポンサーにとっても都合がいい。配信を好む若年層より地上波を見る中高年層のほうが、商品購買力が高いからである。

テレビ局や番組にCM出稿をしたり協力金を出したりしているスポンサーのそういった「都合」が、先に記したTVerにおいてバラエティの再生数が伸び悩んでいる原因となっている。

さらには、これらのバラエティ番組がリアルタイム視聴率にこだわることの弊害が番組内における演出手法に顕著にあらわれている。

リアルタイムで視聴してもらうために、**視聴者が嫌がるとわかっていて、ある「手法」をあえて頻繁に使う**ことになるからだ。

「視聴者が嫌うバラエティの演出手法」とは何か。

それは次の3つに集約される。

1. あざとい「CMまたぎ」
2. 過剰な映像の「リフレイン」
3. おおげさな「あおり」、それによる「ネタバレ」

以上はどれも読者のみなさんが日頃から感じていることではないだろうか。

あざとい「CMまたぎ」は思わず「えー、そんなところでCMにいくの～」と叫びたくなるような手法だが、何度も繰り返されるといい加減にその番組を見るのが嫌になってくる。

何度も繰り返し同じ映像を見せられ、挙句の果てに「スローでもう一回」とか言われるとこれも腹立たしく思えてくる。

「このあと、衝撃の事実が！」などとあおりにあおっておいて「衝撃でも何でもない事実」を見せられると興ざめするし、「このあと、ひどい仕打ちを受けた○○が答えた言葉が神対応だった！」とあおられても筋書きをすべて語られてしまっているので、ものごとの成りゆきを推測する楽しみもない。それどころか、見ているこちら側の想像力を疑われているような気がしてきて悲しくなる。

これら3つの演出手法は視聴者にとって何のいいこともない。

視聴者を少しでもつなぎとめておきたいテレビ局と、番組という「おまけ」で釣ってCMを見させたいスポンサーだけが得をするのである。

現場のクリエイターたちは、こういったバラエティの演出手法の弊害に気がついていないわけではない。気がついて「やめたほうがいい」と思っている。

だが、やめられないのだ。

彼らは「0.1%でも視聴率を上げなければいけない」という事情に疑問を抱きながら、続けているのである。

そこには、テレビ局のマネタイズというあくなき欲求がある。

「配信の場では自由な作品が作れるのに、テレビではこんなことをやり続けなければならないのか……」

そんな虚しさを抱いたクリエイターたちが、テレビの現場から離れてゆくのは当然なのだ。

中立性のないニュース番組

あるニュース番組で、「このたびの少年法改正によって、18歳から19歳の犯罪が厳罰化されることをどう思うか?」という街頭インタビューをおこなったときのことである。

結果は「賛成」が47%、「反対」が40%というものだった。それをキャスターは「賛成が多数を占めました」と説明した。

次に紹介したのは、「法改正によって、少年犯罪は抑制されると思うか?」というインタビューだった。

結果は「思う」が40%、「思わない」が47%であった。

このときのキャスターのコメントは、いったいどんなものだったとみなさんは考えるだろうか。

キャスターは、「『思わない』が『思う』をわずかに上回りました」と解説したのである。

このキャスターの2つの表現には、**「隠されているもの」**があることにお気づきになっただろうか。

ひとつ目の結果をキャスターは「賛成が多数を占めました」と伝えたわけだが、「ほとんど変わらなかった」や「反対が40%もいた」という表現もできたはずだ。

しかし、そうは言わなかった。

このことから、キャスターは「少年法改正に賛成」の立場であるということが推測できる。

そもそもキャスターともあろうものが、偏向した私見を公共の電波で述べてよいのかという疑問が生じる。

さらに、ニュースキャスターという立場を逸脱した発言は続く。

2つ目の「少年法を改正したからといって必ずしも犯罪が減るわけではない」という意見の方が多いという結果は、おそらくこのキャスターの意に反した「許せない」ものだったのだろう。

それがコメントのなかの「わずかに」という言葉にあらわれてしまっている。

このようにニュース報道ひとつにおいても、**「見えていること」の裏側には「見えていないこと」があって、それはもしかしたら意図的に「隠されている」のかもしれない**ということを常に念頭に置いて見る必要がある。

たいてい「都合が悪い」ことや「隠したいこと」は、〝巧妙に〟〝周到に〟隠されているものだ。

ニュースなので、事実をねじ曲げたり数値を差し替えたりするわけにはいかない。だが、

「印象操作」によって事実を〝見えにくく〟することは充分に可能なのである。

ニュース番組や報道番組は、本来はキャスターの主義や主張が入ってはならない。ドキュメンタリーとは違うからだ。創り手による「意図」や「恣意」が排除されていなければならない。そうでなければ、視聴者は何を「事実」と信じればいいのかわからなくなってしまう。

しかし、ニュース番組をショー化して視聴率を稼がなければならなくなったいま、テレビは本来テレビにあるべき「矜持」や「自尊心」というものを捨て去ってしまっている。キャスターの人気に視聴率が左右されるため、キャスターが強大な力と発言権を持つこともある。

一時期、こういった傾向が顕著になった。だが、図に乗り過ぎたこともあり、ギャラが高すぎるという理由にすり替えられて彼らは次々と画面から姿を消していった。

現在残っているのは、比較的ギャラが〝リーズナブル〟で聞きわけのよい「タレントキャスター」と呼ばれる類《たぐい》の人たちである。

報道畑出身、いわゆる〝バラエティ出身ではない〟キャスターは自我が確立されていることが多いため扱いにくい。これに対して、バラエティ出身やお笑い系のタレントはキャスターとしてその座に据えたとしても扱いやすいのだ。

近年、ニュース番組や報道番組にも「お笑いタレント」がキャスターに迎えられたり、どう見ても「畑違い」と思えるような出演者がキャスター枠に収まっていたりすることがある。それは一種の「淘汰」であり、テレビの〝都合のよい〟自浄作用とも言えるだろう。そういった「テレビの性癖」とも言える放送の側面にも、私たちは目を配っていなければならない。

もちろん、そうではない番組もある。

そういった事実を「自戒」として認識して、気をつけている場合もある。

視聴者である国民一人ひとりがテレビにだまされないためにも、**「そんな番組」と「そうではない番組」を見わける必要がある**のだ。

テレビにだまされないために、身につけるべき「力」とは

では、テレビにだまされないために身につけるべき「護身術」とも言える「力」とは、いったい何なのか。

それは、「見えているもの」と「見えていないもの」の両面に気を配り、見えているものの向こう側にある「隠されているもの」を見抜く力である。

そんな力を身につけるための秘訣は何なのだろうか。

「**想像力**（イマジネーション）」を養う。これに尽きる。

人間は長く生きていればいるほど、人生の引き出しにしまってある「経験」という蓄積が増えてゆく。例えば私には37年間の映像制作の経験というものがあり、何かの問題にぶつかったときに過去の経験のなかから「昔のこのケースが解決に役立つな」という感じであてはめて、対策をしてゆく。

しかし、**この経験がときに真実を見抜く目を曇らせる**ことがある。

みなさんも思い当たるふしがあるだろう。「経験上、こうに違いない」と確信していたことが実はそうではなかったということが、いまの先ゆきの見えない予測不能な時代には起こり得るのだ。

人間は経験を積むことでスキル的には向上するが、同時に「先入観」や「固定概念」、自分の「常識」にとらわれることも増えてくる。

私は大学の場で、以下のような話をよく学生にする。

「みなさんは経験がないかもしれないが、その反面、想像力を磨くことができる。この想像力が豊富にあると、社会に出たとき経験を積んだ人に勝てる」

若い人たちの想像力や発想力は無限大である。また、**想像力は経験値の低さを補い、リ**

スクなどをマネージメントしてくれる。

普通であれば経験や知識がないと見抜けない「嘘」や「虚像」「悪意」なども、想像力が豊かであれば気づくことができる。

想像力と同時に強化してゆくとさらに効果的なのが、他人の意見を鵜呑みにするのではなく「自ら答えを導き出す」力である。

「テレビではこう報道しているが、本当だろうか?」

「この番組のキャスターはこう言っているが、こういう考え方や見方もあるんじゃないだろうか?」

そう想像して自らの答えを見つけ出そうとしたとき、ものごとの問題を解決する答えが「実はひとつではない」ことに気がつくのである。

そうやってひとつの事象を「両面から観る」、さらには「多方面から観る」訓練を続けることで、「見えているもの」と「見えていないもの」の存在や見えているものの向こう側にある「隠されているもの」が見えてくるようになる。

「広い視野」を育むことができるのだ。

それはニュースを「創り手」側と「受け手」側の両面から見てゆくことでもある。

テレビ番組やニュースを作っているのはロボットやＡＩではない。生身の人間である。

そのため「表」や「裏」が生まれるのであって、人間であるから「創り手」側になったときと「受け手」側になったときとで、「考え方」や「表現の仕方」も変わってくるのだ。テレビの番組はそういった〝変幻自在の〟性格を持つ。だからこそ、おもしろいのであって、一方で油断がならないのだ。

気まぐれで多重の性格を持つテレビに、だまされてはいけない。

電気自動車に隠された深刻な問題

テレビのニュースはよく環境問題を報じている。その際には、必ず「エコ」を強調する。これはもちろん、番組提供スポンサー企業を気にしてのことだということは、もうすでに本書の読者のみなさんはおわかりだろう。

だが、このテレビが強調するエコにも「表と裏」があり、「隠されているもの」が存在することはご存じだろうか。

例えば、ニュースのコーナーでよく取り上げられるＥＶ（電気自動車）である。国際的なエコの風潮が高まり、ガソリン車に代わる選択肢としてＥＶへの移行が叫ばれている。特に、テレビの大手スポンサーである自動車メーカーのほとんどがＥＶに向いているため、テレビは「一大キャンペーン」のようにＥＶ称賛の旗を掲げている。
そして、決してその負の部分を報道することはない。

本当にＥＶは「環境に優しい車」なのだろうか。

走行中に温暖化の原因と言われているＣＯ２を排出しないという点はメリットだが、デメリットに関してはほとんど話題にされていない。

ＥＶはバッテリーで動くわけだが、そのバッテリーを充電するための電気は発電所で作られる。当然ながらその発電過程ではＣＯ２が発生しているし、エネルギー変換時のロスも発生する。

世界中を自由に走り回るガソリンやディーゼル車と違って、発電所で発生するＣＯ２は1か所で集中的に回収しやすいという利点があるが、このバッテリーにはもうひとつ深刻な問題が隠されている。

リチウムイオン電池が使われているということだ。

この電池の製造には、大量のリチウムやコバルトを必要とする。

リチウムは「グローバルサウス」にあたる南米大陸のアンデス地域で多くが採掘される。その際に大量の地下水を汲み出してしまうため、現地で農業や牧畜を営む人々を苦しめている。

私がドキュメンタリー番組でチリのアタカマ塩湖を取材したときには、現地の農民たちが「水がなくて困っている」と訴えかけてきた。

コバルトはこれもグローバルサウスのアフリカ・コンゴ民主共和国で大半が生産されるが、そこでは多くの子どもが手作業で採掘をおこなっている。もちろん、強制労働だ。

コバルトの粉塵は深刻な呼吸器疾患を引き起こすため、子どもたちは命の危険にさらされながら日々作業をしている。

テレビではそんなニュースにはお目にかからないし、たまにトピックとして取り上げられたとしてもバッテリー生産をやめようと訴える内容ではない。

6歳ほどの子どもが得る賃金は、一日中炎天下で働いてもせいぜい数十円ほどだ。それでも食べていくために働かざるを得ない。

汗まみれの手のひらにぎゅっと握りしめた硬貨を私に自慢げに見せてくれたときの、子どもの笑顔が忘れられない。

テレビがミスリードするエコ

「深刻な人権侵害が発生している」という報告書が国連から出されている中国の新疆ウイ

グル自治区も鉱物資源の宝庫である。日本に入ってきている太陽光パネルの50％近くはここで生産されている。

太陽光パネルはシリコン粒という鉱物状のものを原料としている。これを1，400度以上の高温で溶かし、多結晶の塊にして切り出すのだ。この採掘・製造現場では、多くの人々が強制労働を強いられている。

だが、そうした現実が報道されることはない。

この場所でも私は取材をおこなったが、現地でこの話について聞きたいと言うと地元の人の誰もが口をそろえたように「よく知らない」と言葉を濁した。どこに中国の公安が潜んでいるかわからないからだ。

ガソリンに代わるエネルギーとして注目を浴びているバイオエタノールも、エコ推進の裏側で弱者を苦しめている。

アマゾンの家族は生きてゆくために熱帯雨林を焼き払い、サトウキビやトウモロコシの畑を耕すのに必死だった。大規模な焼畑による煙と匂いは数キロ先の村にまで及び、ぜんそくなどの気管支系の病気や二次被害を生み出している。

子どもたちは目ヤニがひどく、なかにはちゃんと目が開かない子もいた。現場に行かないと、先進国の私たちがそういった現実を目にすることはめったにない。

そんな世界が日本の裏側の地球上に存在する。だから私たちは意識して「疑う心」を鍛え、テレビの情報の「真の姿」を見ようとしないと、隠されているものが潜んでいることを見過ごしてしまうのだ。

正しいとされること、誰もが認めていることの裏には、違う視点を持ってよく考えなければ見抜けない側面が必ずある。誰もが「そうだ」と思い込んでいることも、裏から見れば事実でないことはたくさんある。

だから常に「疑う心」を持って、いろいろな事象の背後にある真実を見抜く必要があるのだ。

テレビのニュースを見るときには、そういう認識でメリットとデメリットの両方を知ろうとすることが、これからの時代にはさらに必要になる。

経済ドキュメンタリーの難しさ

みなさんは「ドキュメンタリー」と聞くと、どんなイメージを持つだろうか。

ドラマが「フィクション＝虚構」であるならば、ドキュメンタリーはその反対で「ノンフィクション」だから「虚構ではない」、すなわち「嘘ではない」と思っていないだろうか。

しかし、ニュースのように事実をそのまま伝えるものとは違って、ドキュメンタリーは創り手の意図や思いを込めて表現するものであるから、そこには必ず主観的な考えが入る。逆に、何の主義や主張も込められていないドキュメンタリーを見させられても視聴者はつまらないだろうし、何のために作品として表現し発信しているのかも不明である。創り手の主義や主張をどれだけ織り込むか、どういうかたちで織り込んでゆくかは人それぞれ、作品それぞれだ。

ドキュメンタリーを30年以上手がけてきて、いま私はそういう結論に達している。なかでも、創り手以外の恣意が入り込む可能性が高くなる「経済ドキュメンタリー」は特に難しい。

経済といえば「カネ」を扱う。そうするとおのずとスポンサーからの影響を受けたり逆にこちらから忖度をしなければならなくなったりして、ねじ曲がったような番組になる可能性があるからである。

具体的に例を挙げれば、スポンサーとなっている企業が車のメーカーであったなら車の排気ガスと環境の関係を描くドキュメンタリーは作りにくいだろう。もしかしたらスポンサーから「待った」がかかるリスクも否めない。

それが企業スポンサーからのＣＭ出稿で会社の収益を上げている民放で経済ドキュメン

タリーを作る難しさだ。

経済ドキュメンタリーについては、私には特別な思い入れがある。実際の体験をもとに、経済ドキュメンタリーのあり方を考えてみたい。

いまから21年前の2002年に、経済ドキュメンタリー『ガイアの夜明け』がテレビ東京に誕生した。私はその立ち上げを担当した。

『ガイアの夜明け』誕生秘話

きっかけはある日突然、報道幹部に呼び出されたことだった。

「田淵は役所広司と仲がいいんだろ？」

「いえ……別に仲がよいわけではありません。一度、仕事をしただけですから」

そんな会話をした。

幹部は私に、報道局が初めてプライムタイム（19～23時の時間帯）にレギュラー番組を手がけることになったこと、それは「経済」をテーマにしたドキュメンタリー枠であること、社運がかかった大事な番組だから司会を役所さんに頼みたいということなどを語った。

だから役所さんを口説いてこい、というのだ。

当時の私は反骨心の塊で、人から命令されることが大嫌いだった。そもそも「経済」というものにまったく興味がなかった。ドルが何円なのか、株価がどうなっているのかに関心がなかったし、経済番組をおもしろそうだとも思わなかった。

それに私は、世界の秘境と呼ばれる場所をフィールドとする紀行ドキュメンタリーを作るのに夢中だった。始めてちょうど10年を超え、ますますおもしろくなってきたところでもあった。

「経済ドキュメンタリーなんて、とんでもない」

早々に辞退を申し出た私に、幹部は言った。

「報道に人事異動してもいいんだけどなぁ」

それだけはご免こうむりたかった。

私はしぶしぶ役所さんのところに出かけてゆき、局の意向を伝えた。すると役所さんは、私が「経済」と聞いて感じたのとまったく同じことをつぶやいた。

「いまドルがいくらかも知らないくらい経済に疎いんだけど、大丈夫かなぁ」

私は、そういう庶民感覚が番組としては必要であること、逆に経済を知りすぎていないからこそ生じる「リアリティ」を大切にしたいということなどを調子よくしゃべって説得した。

ずいぶんご都合主義だなと心のなかで思いながら、何度か役所さんのもとに通って口説き続けたある日、根負けしたように役所さんが言った。

「わかった。やるよ。その代わり、おもしろくしてよ」

そんな経緯で、役所さんのＭＣ部分の演出を務めることになった私は、当時出向していたテレビ東京制作のプロデューサー兼ディレクターとして番組の取材部分も担当することになった。

しかし、どうしても経済に興味がわかない。

「困った」と頭を抱えた私は、なぜ自分が経済に食指が動かないのかを考えてみることにした。

私は秘境に住む少数民族に興味を抱いていた。

大自然のなかで研ぎ澄まされた人々が紡ぎ出す素朴ではあるが力強い生活、マイノリティであるからこそ自らのアイデンティティを強く持っている人々の生きざま、そして彼らが生み出す文化や習慣に魅力を感じていた。

だが、それに反して経済には人間味を感じなかった。無機的で冷たいイメージがぬぐえなかったのだ。

そんなあるとき、はたと気がついた。

「待てよ……うちのテレ東は日経新聞が親会社だからどうしても〝お堅い〟経済番組を考えがちだけど、そうでなくてもいいんじゃないだろうか」

これまでやってきた海外ドキュメンタリーでのノウハウとヒューマンドキュメンタリーの手法を今回の経済ドキュメンタリーに組み入れたらどうかと思い至ったのである。

選んだ場所は、前々から訪れたいと思っていたアフガニスタンだった。作品のタイトルは「がんばれ！アフガンのお母さん」。アフガニスタンの復興を支援している督永忠子氏の奮闘を描いた内容だった。

「復興支援の真実と密輸ビジネスの謎」というサブタイトルをつけて、「ODA（政府開発援助）の実態に迫る」という経済的な味つけをした。

「人間を通して経済を語る」という手法は、いい思いつきのような気がした。人間を主人公にして描いていくと視聴者の感情移入も望めるので、作品を作りやすい。

社会問題の渦中にいる人物の悩みとか苦しみといったものを描きながら、その背後にある経済的な問題を浮き彫りにすればいいのではないか、そう考えたのだ。

自分の思いつきに気をよくした私は、次に気候変動の影響で海面が上昇して沈みゆく太平洋の島キリバスを舞台に「島が沈む！〜海に命をかける男たち」という番組を企画した。

この回のテーマは「環境」だ。

経済というと難しく聞こえるが、学生のアルバイトや就活も経済活動である。例えば、野球界の選手が海外のチームにどんどん移籍している現実を取材すればそこには代理人という野球ビジネスが見えてくるし、スーパーに並んでいる商品の変化を観れば流行の変化が見えてくる。

「島が沈む！」も単なる環境の問題でなく、その環境の変化の向こう側にひとつの国の貿易事情や経済の変化が見えてくるというわけだ。

国の政策や選挙の裏側、堅苦しい法律にも必ず経済的な側面がある。経済ドキュメンタリーを見ている視聴者も必ずみな何かしらの経済に関わっている。

実は「経済」は遠いものではなく、身近な「人の生活」そのものだ。

そういった目から鱗の真実を、私はいやいや始めた『ガイアの夜明け』に教えてもらったのだった。

私は偏見や先入観、自分だけの価値観がどんなに視野を狭め、可能性という道を閉ざしてしまうかに気づかされたのである。

テレ東の人間でなくなったいまだから告白できるが、当時は経済にヒューマンを融合させることなど邪道とされ、社内でも「マクロを観ていない」「ミクロを描きすぎ」「お涙頂戴だ」とかなり上層部からのバッシングを受けた。スポンサーであり大株主で親会社の日経新聞からも目の敵にされ、「あの番組ラインナップを決めている田淵というのを何とかしろ！」と怒り心頭だとよく聞かされた。

関連会社に出向している立場の私にラインナップを決めるなどという権限が与えられるはずもないのに、である。

だが、私は『ガイアの夜明け』に参加してよかったと思った。私の視野を広げてくれた経済ドキュメンタリーに感謝していた。

「ハイブリッド型経済番組」がテレビを変える

私の人生に「アンラーンｕｎｌｅａｒｎ（学び壊し）」を与えてくれた経済ドキュメンタリー。その経験をもとに、経済番組の未来を予測してみたい。

例えばある経済のひずみを描くときに、これまでの時代は企業の論理に対しての「アンチテーゼ」として市井の人々の論理を前面に出してくればよかった。

しかし、低成長時代に入り、国も地方自治体も企業も市民もそれぞれ進むべき道を模索しなければならない状態になったいま、ヒューマン的な視点から人間の「泣き」や「心の叫び」を描いて経済の問題すべてを語ったり解決策を提示したりするようなやり方は流行らない。

では、これからの経済番組はどうあるべきなのだろうか。

私はズバリ、ポイントは経済と何かの要素を組み合わせること（ハイブリッド）だと考えている。名づけて「ハイブリッド型経済番組」だ。

実はこれは、テレビ東京においては昔から活用されてきた手法である。

地上波において他局より10年以上遅れて始まったテレビ東京は、ニッチで新しい分野に切り込んでいくしかなかった。そのひとつが「経済ニュース」への挑戦であった。

1970年当時、経済がニュースになるという発想はなかった。そんななか、ビジネスマンをターゲットにしてニュースのメインストリームではなかった「経済」に力を入れ始めた。これは「経済×ニュース」のハイブリッドと言える。

前掲の『ガイアの夜明け』は「経済×ドキュメンタリー」のハイブリッドだ。その後も、「経済×トーク番組」の『カンブリア宮殿』などを経て、高橋弘樹氏によって開発された「経済×バラエティ」の『日経テレ東大学』のような斬新な企画も誕生している。

テレ東を退社した高橋氏の挑戦は止まらず、経済の枠を超えたビジネスチャンネル「ReHacQ」をYouTubeに開設し好評を得ている。こちらは「ビジネス×バラエティ」とでも言うべきだろうか。

私が『ガイアの夜明け』を立ち上げるときに感じた「経済＝堅苦しい」というイメージはいまのクリエイターたちのなかにはない。だからこそ、高橋氏のような新しい発想が生まれるのだ。

いまやテレ東において、「経済」は金のなる木へと成長した。ビジネスオンデマンドサービス「テレ東ＢＩＺ」の２０２１年４月時点での有料会員登録数は10万人に達した。

私がなかでも注目しているのが、小林史憲氏が連載する「中国ビジネスの極意」である。中国人インフルエンサーにフォーカスするなどニッチなテーマが魅力だ。

２０２１年10月にスタートしたセミナーつきの高額プラン「モーサテプレミアム」も、月額３，３００円と高額ながら着実に会員数を増やしている。

２０２３年10月時点の各局ニュースサイトの「公式ＹｏｕＴｕｂｅチャンネル登録者数」は、「ＡＮＮ Ｎｅｗｓ ＣＨ」が群を抜いて３４１万人だが、「日テレＮＥＷＳ」１７８万人、「ＴＢＳ ＮＥＷＳ ＤＩＧ ｐｏｗｅｒｅｄ ｂｙ ＪＮＮ」１８６万人、「ＦＮＮプライムオンライン」１７６万人と並んで、経済ニュース中心の「テレ東ＢＩＺ」が１８６万人と健闘している。地上波では弱いテレ東が経済を武器に他局とほぼ同じ実績を上げているのだ。

今回、上記のデータを提供してくれたクリエイターが興味深いことを教えてくれた。この節の最後に紹介しておきたい。

TVerで枠をスポンサーに売るときに、『WBS（ワールドビジネスサテライト）』『ガイアの夜明け』『カンブリア宮殿』という「経済番組パッケージ」にすると、枠単価がバラエティなどの番組よりも格段に高くなるというのだ。

視聴率や視聴者数とは関係なく経済番組が「スポンサーからすると価値が高い」ということの証である。

このように経済番組はさまざまなジャンルと融合しながらそのかたちを変え、進化している。その柔軟さは、閉塞したテレビの未来を切り開いてくれるかもしれないのだ。

さまざまな制約があるからこそ経済番組はおもしろい。その制約をどう飛び越えるか、それが個性や腕の見せどころである。そんな気概を持ったクリエイターたちが続々と誕生することを期待したい。

相互発展してきたテレビ局とスポーツ

近代以降の日本において、テレビメディアとスポーツはお互いに協力しあい、発展を続けてきた。

中継による人気定着によって野球が国民的なスポーツとなるきっかけとなったのは事実

であるし、テレビ東京が地道に続けてきた番組によってのちのサッカーブームが産み出されたと言っても過言ではない。

テレビ東京は前身の日本科学技術振興財団テレビ局（通称：東京12チャンネル）時代の1968年に、三菱商事を冠スポンサー（「冠」を戴くように番組のタイトルの頭に名前を示すことができるスポンサー。主に一社独占で番組提供をおこなうことが多い）とした『三菱ダイヤモンドサッカー』の放送を始めた。

この番組はまだ情報が少なかった時代に唯一、海外の試合放送を通して世界のサッカー事情を紹介していた。岡野俊一郎さんの解説と金子勝彦アナウンサーの名コンビによる放送を毎週心待ちにしていた少年たちが、その後の日本サッカー界の発展を担ったとも言われている。

テレビ東京の「サッカー愛」を象徴する出来事が、日本初のワールドカップ決勝戦の衛星生中継となった西ドイツ大会の「西ドイツ対オランダ戦」である。

これはなんと半世紀前の1974年のことで、まだワールドカップがいまのように日本で広く知られるはるか前のことである。

しかも、放送日は参議院議員選挙の投票日に当たっていた。

もちろん、他局はこぞって開票速報番組を組んだ。

ところがそのなかで、当時の東京12チャンネルだけはミュンヘンからのワールドカップ中継を放送していたのである。

スポーツに恩恵を受けたテレビ

一方、テレビ中継での盛り上がりもあってすでに〝国民的な〟スポーツとなっていた野球は、特に巨人戦においてはその放送権を独占する日本テレビの経営を支えていた。全盛期の巨人戦ナイターは平均20％以上の視聴率を誇る日テレの看板番組だった。

サッカーにおいては、早くから先鞭をつけていたテレビ東京が有利な中継カードを獲得し、それが局の営業利益を上げることにつながった。

『三菱ダイヤモンドサッカー』とワールドカップ西ドイツ大会決勝戦「西ドイツ対オランダ戦」生中継。この2つはサッカー業界とテレ東の関係を強固にした。

その関係値が大きく実を結んだのが、いまだに破られることのないテレ東史上歴代最高世帯視聴率48・1％を記録した1993年10月28日放送の「日本対イラク戦」である。

日本代表がワールドカップ初出場をあと一歩のところで逃したいわゆる「ドーハの悲劇」として知られるこの試合の生中継の権利を得たのが、弱小のテレビ東京だったのだ。

このときには、各局のスポーツ担当や「サッカー番」と言われる記者たちが地団太を踏んで悔しがったという。

それはそうだろう。在京民放の最下位であるテレ東に一番おいしいところをもっていかれたわけである。

以上のようにテレビはスポーツの振興に寄与し、スポーツはテレビの発展に力を貸してきた。歴史的な観点で見ても戦後の日本の経済発展を支えたのはスポーツであり、それを大衆に提供する役割を担ってきたのはテレビメディアだった。

プロレスや相撲などの格闘技のテレビ中継は、敗戦によって意気消沈した日本人に再び活力を与えた。

そして復興の最大の象徴が、東京五輪であった。

言葉通り、テレビとスポーツは互いに「ウィンウィン」の関係を築けてきたのである。

バレーボール・ワールドカップの「裏側」を覗く

ワールドカップという「世界杯」を意味するはずの大会が、なぜ毎回日本で開催されているのだろうか。

みなさんはそんな疑問を感じたことはないだろうか。

バレーボール・ワールドカップは男女とも1977年以来、フジテレビが放映権を独占するかたちで4年ごとに日本で開催されている。

これは当時の日本でのバレーボール人気を背景に、テレビ放映による収入を見込んだ国際バレーボール連盟の決定によるものだ。そしてその結果、連盟の収益は増し、日本においてのバレーボール人気も完全に定着した。

しかし、この仕組みはいくつかの弊害を生んだ。

それは大きく以下の2つである。

1. テレビの中継に合わせた「試合運営」がおこなわれるようになった
2. 日本が常に参加できるという「不平等」が生まれた

1. から分析してゆこう。
1999年には、何とテレビの中継時間に合わないという理由からルール改正がおこなわれたのだ。

従来のサーブ権を得ているチームのみが得点することができる「サイドアウト制」から、

サーブ権にかかわらず得点を得られる「ラリーポイント制」に変更されたのである。

サイドアウト制ではゲームの終了時刻がわからずテレビ中継に支障が出るというテレビ側からの要請に合わせたものだった。

同じような理由で、バスケットボールも40分を前半と後半にわけた「前後半制」から10分を4回にわける「4クォーター制」に変更になった。アメリカのNBAでいち早く導入されたことが理由とされているが、**ここにもテレビの思惑が絡んでいる**。

本当の理由は「テレビ中継がしやすいから」である。

テレビはスポンサーのCMを流さなければならないが、前後半制の場合はCMを入れにくい。その点、試合が細切れの4クォーター制であればそれぞれ生じるインターバルの間にCMを流すことができるので商業的なメリットが大きくなる。

テレビと選手、どちらのためにルールはあるのか。

「テレビ局の横暴」というべきか、それとも「テレビとスポーツの癒着」と呼ぶべきなのか。いまもスポーツ中継の迷走は続いている。

次に2．である。純粋な世界大会であるはずなのに、なぜ日本が常に参加できるのか。

その不平等は大きな問題だ。これは言うまでもなく、テレビ放映による収入の確保が狙いである。

知らない国の選手同士が戦っている試合より日本選手が他国と戦っている試合のほうが愛国心はかきたてられるし、応援にも熱が入る。

試合を提供するスポンサーのイメージもよくなり、高い視聴率も望める。

そうなるとテレビ局は好んで日本チームの試合を中継しようとする。したがって、日本チームの試合のカードは大きな価値を持つ。

さらにおかしいのは、男女ともこの大会で上位3位以内に入ると翌年の夏季オリンピック出場権が得られる仕組みであったという点である。

2023年現在は、3プールにわかれて各プール上位2カ国に出場権が与えられるようになったが、オリンピック出場を決めるほどの重要な大会に常に日本が出場する権利を得られているという状況は果たして健全で公平なスポーツと言えるだろうか。

バレーボールの普及に欠かせなかったジャニーズ人気

スポーツ普及に必要な次世代への訴求においては、テレビ局が大きく関与してきた。

特にタレントを起用したプロモーションは、事務所との関係も含めいろいろな思惑と策略が絡んでいる。

バレーボールのワールドカップは、1995年から2019年まで四半世紀以上にわたりジャニーズ事務所のアイドルユニットが7大会連続で大会のテーマソングを担当し、公式サポーターも務めてきた。

いわゆるジャニーズタレントの「メジャーデビュー」お披露目の舞台になっていたのである。

V6を皮切りに1999年には嵐、2003年にはNEWSと続いて2007年にはHey!Say!JUMP!、2011年・2015年にはSexy Zone、2019年にはジャニーズWESTとジャニーズ事務所べったりである。

2023年もジャニーズ枠として内定していたが、ジャニー喜多川氏の性加害問題がきっかけとなってフジテレビ内で「脱・ジャニーズ路線」が急浮上し立ち消えになった。

その結果、2023年はMrs. GREEN APPLEの「ANTENA」が応援ソングに決定してジャニーズ事務所とフジテレビの蜜月時代は終わりを告げた。

これまではジャニーズ人気によってバレーボールの新たなファン層を獲得したいテレビ局とテレビの力を利用してタレントを売り出したい事務所側の利害が合致していたが、それが崩れたのだ。

このように、顕著な出来事の裏側には必ずテレビ局の事情が潜んでいる。そしてテレビは自分自身の保身や繁栄のために、躍起になって最大限の工作や操作をおこなうのである。

本書で挙げた以外のスポーツでも、テレビ中継に合わせたルール改正が議論されている。

これらの事象を観れば明らかなように、スポーツはテレビ放送によってかたちを変えられてきた。

しかし、宣伝媒体としてのテレビメディアのおかげで各種スポーツはその人気を獲得して競技人口の増加につなげていった事実がある。だから、横暴ともいえるテレビ局の要望を飲まざるを得ないのである。

それでは、**テレビ局側にとってスポーツ番組はどういう利点があるのだろうか**。

本書で伝えてきた「ものごとを両面から観る」というセオリーに従って、それぞれの立場から観た「恩恵」を整理してみよう。

まずテレビ局がスポーツに与える恩恵については、これまでも記してきたように大きく2つある。

1.　テレビ番組の放映権料

現在、オリンピックをはじめとするほとんどすべての世界的なスポーツイベントは、テレビの放映権料がないと成り立たない。また、各競技団体もそうした資金で競技力向上を図っているのが現状である。

2. スポーツ人口を増やすための宣伝

近代以降、テレビメディアによるスポーツ番組放送がそのスポーツの宣伝となり、スポーツ人口の拡大に貢献してきたことは言うまでもない。

以上の2点から、スポーツが現在の地位を確立するにいたった最大の功労者はテレビメディアであると言い切れるのだ。

だから**スポーツはテレビに頭が上がらない。**

スポーツはおいしいコンテンツ

逆にテレビ局にとってもスポーツはおいしいコンテンツであるに違いない。だからこそ、さまざまな施策や戦略でスポーツを盛り上げようとするのだ。

では、どんな点がおいしいのか。

テレビ局がスポーツに与える恩恵の一方で、テレビメディアがスポーツから得た恩恵もまた大きなものであった。

というよりも、テレビにとって**「スポーツは最高の商品」**だという言い方が適切だろう。

スポーツ番組の利点としては次のようなものが挙げられる。

1．コスト面での利点

テレビ局が自前で番組を制作するわけではないので、商品のコストが安い（もしくはかからない）。

2．コンテンツとしての魅力

スポーツのプレーそのものが大衆をひきつける魅力があり、かつコンテンツとして「一般性」「大衆性」がある。

3．古さを感じさせない

二度と同じ試合はおこなわれないため、常に新しい商品を生み出すことができ、時代に遅れるイメージがない。

その結果として、「大きなニーズと視聴率実績」につながっている。

２０２２年の全テレビ番組（関東地区、地上波、個人視聴率）における「年間視聴率ランキング」を見てほしい。（２０１ページの表②参照）

ベスト20のうち14がスポーツ番組によって占められている。

しかし、いま**放送局とスポーツは本来あるべき健全な関係を保てているだろうか。**

もしそうでないとしたら、それは何が理由なのだろうか。

それを改善するためにはどうしたらいいのだろうか。

テレビメディアの当事者たちだけでなく、視聴者や国民である私たち一人ひとりが考えなければならないときが来ている。

ドラマはもうかるコンテンツ

フジテレビは2023年10月期の改編で、金曜21時に連続ドラマ枠を新設した。これでフジ系列のプライムタイム（19～23時の時間帯）のドラマ枠は5つとなり、民放最多となった。

このように近年、ドラマ枠の新設ラッシュが続いている。

ドラマはほかの番組ジャンルより格段に制作費がかかる。そのため少し前までは費用対効果が低いと考えられてきた。

デパートには必ずおもちゃ売り場や書籍売り場があるように、ドラマは売上の収支は立たなくとも体裁として「そこにあるべき」と考えられてきたコンテンツであった。

表②　2022年の全テレビ番組（関東地区、地上波、個人視聴率）における年間視聴率ランキング

1位	FIFAワールドカップ2022・日本×コスタリカ	30.6%
2位	第73回NHK紅白歌合戦（後半）	26.0%
3位	FIFAワールドカップ2022・日本×ドイツ	23.2%
4位	第73回NHK紅白歌合戦（前半）	23.0%
5位	FIFAワールドカップベスト16・日本×クロアチア	20.1%
6位	北京オリンピック	18.1%
7位	第98回東京箱根間往復大学駅伝競走復路	17.0%
8位	北京オリンピック	16.0%
9位	第98回東京箱根間往復大学駅伝競走往路	15.9%
10位	北京オリンピック	15.8%
11位	FIFAワールドカップ2022・日本×スペイン	15.4%
12位	FIFAワールドカップ2022・日本×ドイツ（インタビュー他）	15.1%
13位	北京オリンピック	14.9%
14位	ニュース	14.5%
14位	24時間テレビ45愛は地球を救うPART10	14.5%
16位	ニュース/他	14.4%
17位	サッカー・キリンチャレンジカップ2022・日本代表×ブラジル代表	14.0%
18位	北京オリンピック・開会式	13.2%
19位	芸能人格付けチェック! 2022お正月スペシャル	13.1%
20位	北京オリンピック	12.7%

＊ビデオリサーチ発表データより作表

またその華やかさや話題性から、局のパワーやイメージをあらわすバロメーターとして欠かせないものだった。「プロダクション行政」と呼ばれるタレント事務所とのコネクションを保ってゆくうえにおいても、大事な役割を果たしてきた。

だが、いまドラマは「採算性が悪いコンテンツ」ではなく、**「ドル箱」とも言える重要コンテンツ**に変わろうとしている。

その可能性を大きく裏づけたのが、TVerにおけるドラマの再生数の実績である。

前述したように、2023年4〜6月期の総合番組再生数ランキングでは上位11位までがドラマの独占状態だ。20位内においても16作品がランクイン。バラエティ番組を完全に凌駕している。また上位6作品がすべて総再生数2,000万回以上を記録するという快挙であった。

テレビ番組の制作費は千差万別だが、その構図はシンプルである。

簡単に言ってしまえば、CM枠の売上高のおよそ半分が制作費になる。これを逆算すると、1,000万円で番組を作りたい場合には2,000万円分のCM枠を売らなければならない。

しかし、セールスには限界がある。

結果的に1,000万円しかCM枠が売れなかったので500万円で番組を作れと言われても、バラエティやドキュメンタリーなどの番組は何とかなるかもしれないが、ドラマは厳しい。

ドラマがドル箱コンテンツに変わった仕組みを数字であらわしてみる。

１００の売上に対して制作費は50のところを、ドラマは70も使ってしまう。これでは赤字である。しかも、これまでの地上波中心のビジネスではこれで終わりだった。地方局に番組販売するか、ビデオ化する以外に赤字を回収する手立てがなかった。

一方、配信のほうにドラマを回すことができてそちらで新たなセールスが生まれた場合にはどうだろう。例えば30を配信で稼いだとしよう。

すると収支決算は大きく変わってくる。

地上波だけでは20の赤字であったドラマが、10の黒字に転じた。しかも、配信はニーズさえあればその場所と時期を変えて繰り返し累積することができる。10の黒字は20になり、30になる。バジェットが大きければさらに収益を見込めるドル箱だ。

このようにドラマは、配信によって**〝日の目を見る〟ことができたコンテンツ**なのである。

どんどん増えるドラマ枠

直近の2023年10月クールで放送の各局（系列制作を含む）プライムタイムの連続ドラマ（7回以上放送見込み）は以下のようになっている。

NHK…3枠
月曜－木曜22時45分『ミワさんなりすます』
火曜22時『ドラマ10大奥Season2』
日曜20時『どうする家康』

日本テレビ…3枠
水曜22時『コタツがない家』
土曜22時『ゼイチョー～「払えない」にはワケがある～』
日曜22時30分『セクシー田中さん』

テレビ朝日…4枠
火曜21時『家政夫のミタゾノ』
水曜21時『相棒season22』

木曜21時『ゆりあ先生の赤い糸』
日曜22時『たとえあなたを忘れても』

TBS…3枠
火曜22時『マイ・セカンド・アオハル』
金曜22時『フェルマーの料理』
日曜21時『下剋上球児』

テレビ東京…1枠
金曜20時『ハイエナ』

フジテレビ…5枠
月曜21時『ONE DAY〜聖夜のから騒ぎ〜』
月曜22時『トクメイ！警視庁特別会計係』
水曜22時『パリピ孔明』
木曜22時『いちばんすきな花』
金曜21時『うちの弁護士は手がかかる』

ドラマ枠数で見れば、10月期に1枠増えたフジが全局中トップに躍り出た。

海外の欧米社会ではドラマは映画や舞台よりも低く見られがちだ。テレビ局や制作会社もドラマに重きを置いていない。テレビの主流は報道やスポーツ、バラエティである。

これは「質のよいフィクションは映画館でじっくり見る」という習慣があるからだ。

しかし、この流れが近年変化している。

日本のドラマが海外からも注目を浴び始めたのである。

海外に輸出する日本のテレビ作品のマーケットは、いくつかの国際見本市に集約されている。

「東京国際映画祭」と併催されるアジアを代表するコンテンツマーケットTIFFCOMやシンガポールで開催されるATFなどが有名だが、近年、活況を呈しているのがフランス・カンヌで開催される世界最大級のテレビ見本市MIP（春はMIPTV、秋はMIPCOM）である。

2022年の総参加社数はおよそ3，600社、総参加者はおよそ11，000人、バイヤーはおよそ3，100人とほかの見本市に比べて群を抜いている。

日本の経済産業省、総務省、文化庁が一丸となって日本を「映像コンテンツ大国」にしようと躍起だが、その象徴がMIPと言っても過言ではない。

私が担当したドラマは、2017年に『破獄』、2020年に『ハラスメントゲーム』

と2度にわたってMIPCOM BUYERS' AWARD for Japanese Dramaのグランプリを受賞した。

そのおかげで、いまだに両作品とも配信で稼ぎ続けている。

世界のコンテンツマーケットで好評な日本のドラマ。そんな事情を受けて、各局がドラマ制作に注力しているのだ。

「深夜ドラマ」はマネタイズの先陣部隊

前節ではテレビ各局のドラマ枠が増えている例を挙げたが、これはプライムタイムに限ったものだ。そこで深夜まで枠を広げてみると、また違った側面が浮き彫りになってくる。

以下に、2023年10月クール「深夜枠（23時以降）」の各局（系列制作を含む）連続ドラマ（7回以上放送見込み）を挙げる。

NHK…枠なし
日本テレビ…3枠

月曜24時59分『君が死ぬまであと100日』
木曜23時59分『ブラックファミリア 新堂家の復讐』
金曜24時30分『秘密を持った少年たち』
テレビ朝日…4枠
金曜23時15分『今日からヒットマン』
土曜23時『単身花日』
土曜23時30分『泥濘の食卓』
土曜26時30分『18歳、新妻、不倫します。』
TBS…2枠
火曜24時58分『君には届かない。』
火曜25時28分『灰色の乙女』
テレビ東京…8枠
月曜23時6分『けむたい姉とずるい妹』
火曜24時30分『くすぶり女とすん止め女』
火曜27時25分『ワカコ酒 Season7』
水曜24時30分『推しが上司になりまして』

水曜25時『君に届け』
木曜24時30分『ポケットに冒険をつめこんで』
金曜24時12分『きのう何食べた？ Season2』
金曜24時52分『すべて忘れてしまうから』

フジテレビ…2枠
火曜23時『時をかけるな、恋人たち』
土曜23時40分『あたりのキッチン！』

これらの深夜帯と前節のプライム帯のドラマ枠数を足してみると――

NHK3＋0＝3枠
日テレ3＋3＝6枠
テレ朝4＋4＝8枠
TBS3＋2＝5枠
テレ東1＋8＝9枠
フジ　5＋2＝7枠

プライムでは1枠しかなかったテレ東は、深夜では8枠ものドラマを制作しているため合計すると9枠となり、テレ朝の8枠より多い。

これはいかにテレ東がドラマを重要コンテンツととらえているかをあらわしている。テレ東はほかの民放に先駆けて、早くからテレビに**「製作委員会方式」**を導入してきた。

製作委員会方式というのは、作品を制作する際に単独で出資するのではなく、複数の企業に出資してもらい収益に応じて分配する方法である。

現在では、ほとんどの映画が製作委員会方式で作られている。映画のエンディングロールでクレジット表示される「『○○○』製作委員会」（『○○○』は映画のタイトル）を目にされたことがある方も多いだろう。

テレビでは、テレビ東京で1993年に放送が開始された『無責任艦長タイラー』の「タイラープロジェクト」がテレビアニメーション史上初の製作委員会方式であった。広く製作委員会方式が認知されたのは、同じくテレ東が1995年に放送を始めた『新世紀エヴァンゲリオン』における「EVA製作委員会」である。

資金力がないテレ東にとって、ほかの企業に制作費を分担してもらうのはもってこいの手法だったのだ。現在、テレ東の深夜ドラマは基本的には製作委員会方式で作られている。

深夜ドラマの一番のメリットは「制作費を安く抑えられる」ということである。そして制作費が安くても、おもしろい企画であれば有名監督やいいキャストが集まってくれる。

コンプライアンスの規制が厳しくプライムタイムなどの時間帯では表現できない演出も深夜であれば可能になる。そうなると、監督や俳優はギャランティーが多少安くても「好きなことができるからいいや」とおもしろがって参加してくれるケースが増える。

出演する俳優やタレントにとっても、次のようなメリットがある。

プライムタイムは視聴率というハードルがある。どうしても視聴率に縛られるというか、視聴率重視になる。そのためそういった内容に偏ってしまうし、視聴率を獲れなかった場合には「視聴率が獲れないタレント」というレッテルを貼られかねない。

プライムのドラマは「一回失敗すると、あとを引く」のだ。

それに比べて、深夜ドラマは周りが寛容的である。視聴率にもそんなに目くじらを立てない。どちらかと言えば、視聴率より配信で回ったほうがいいと考えられている。

振り切った内容や切り口のドラマでも、「チャレンジングだね」と評価してもらえる。

テレ東がプライムの連続ドラマを1本に絞り多くの深夜ドラマに全力を投入しているのは、以上のような理由があるからである。

元々お金を持っていないテレ東は、**少ない制作費を深夜という枠で効率よく使うために、**

なるべく安く多くのドラマを作ることを目標にしている。

いわゆる「薄利多売」商法である。

コンテンツとして多くのドラマの本数がそろえば、まとめて配信に回すことができる。そうすれば配信の利益が上乗せされるというわけだ。

ちなみにテレ東は、作品によっては30分ドラマを数百万円という格安予算で制作している。

ドラマのステレオタイプ化

テレビ業界の救世主となるかもしれないドラマコンテンツ。しかし、いまドラマは大きな課題に直面している。

内容の「ステレオタイプ」化である。

理由は、インターネットの急激な進歩だと言われている。

人類学者の奥野卓司氏は、人間は視覚以外の感覚を抑制すると実世界を「リアリティ」とは感じなくなると提唱している。

デジタル化が進むなかでは、視覚によって可視化されたものだけが「リアリティ」になってゆき、それに当てはまらないものは「リアリティではない」と感じるようになる。

そしてそのことによって、可視化されないものを嫌がるという傾向が生まれるというのだ。

いわゆる、「〝逆〟仮想現実」のような現象である。

この傾向はドラマにも顕著にあらわれている。

ドラマの題材として可視化できるもの、しやすいものは大きくわけて2つある。

まずひとつ目は「勧善懲悪がはっきりしているもの」である。誰が善人で、誰が悪者か。または誰が犯人で、それを捕まえたり解決したりするのは誰か。そういったわかりやすいものに人は惹かれるのである。

もうひとつは「命や人の生き死にを喚起させるもの」である。人が生まれたり、死んだりすること。それはもちろん、わかりやすい。わかりやすいものに流れるという現象はまさにデジタル化の影響であり、〝逆〟仮想現実の状態が顕著になって想像力が欠如している証拠だ。

「勧善懲悪がはっきりしているもの」と「命や人の生き死にを喚起させるもの」。

これらをドラマジャンルに当てはめると、以下の3つになる。

1．刑事もの

2．医療もの

3．サスペンスもの

1．の「刑事もの」の主人公は、刑事などの警察関係者だけでなく弁護士や検事などの司法関係者を含む。善人と悪人が明確で、おおむね主人公が事件を解決したり犯人を捕まえたりするというパターンである。善人が救われ悪人が懲らしめられるというシンプルな筋立てが多い。

2．の「医療もの」の主人公は、医師以外にも看護師や病院を舞台とした医療従事者を含む。だいたい人の命を救うことで物語の解決がはかられる。

3．の「サスペンスもの」は警察や司法の関係者ではなく一般人が主人公だが、視聴者を「ハラハラドキドキ」させることを目的とするサスペンスタッチのドラマである。例として、『あなたの番です』や『美しい隣人』などが挙げられる。

ドラマの「ステレオタイプ」化は、多くのドラマが以上の3つのジャンルに偏る傾向にあることを指している。

みなさんも経験があるだろう。どのチャンネルを見ても刑事ものばかり並んでいると感じたことや、やたら病院が舞台のドラマが多いなと気になったことがあるのではないだろうか。そしてドラマのステレオタイプ化はコロナ禍を迎えて変化した。

個々の「孤独感」や「欠落感」「喪失感」「寂寥感」が増したことで、以下の2つのジャンルが増えてきたのである。

1．恋愛もの

2．ホームドラマ

コロナ禍の時期はどの局にチャンネルを変えても、人とのつながりやふれあい、絆やコミュニティを描くドラマが多く見られた。

このようにジャンルは変わったが、内容のステレオタイプ化によって番組の内容が偏るという傾向に変わりはない。

最近ではアフターコロナやウィズコロナを見据えて、**「お仕事もの」**というジャンルが盛んに作られている。

テレビドラマは時代や流行に合わせてステレオタイプ化、パターン化する傾向にある。ほかが「刑事もの」でよい視聴率を獲れば、それにならえとみなマネをするのだ。

これはやはり人間が作るものだからだ。

だが、**テレビの「ドル箱」であるドラマがそんな体たらくでいいのだろうか。**このままではテレビの腐敗による「滅亡」は免れない。

そうならないために、次の章ではテレビ局の要とも言える「人材」の現状をつぶさに観ることで、テレビの〝あるべき〟未来像を模索してみたい。

第6章　テレビ局の隠された「人材格差」

テレビの華やかな顔に隠された「格差」

みなさんはテレビというと、どういうイメージを思い浮かべるだろうか。

華やか、ちゃらちゃらしている、軽い……などあまりいい印象ではないかもしれない。

そしてもっともイメージされるのが、〝派手な〟感じというものではないだろうか。

しかし、実はそうではない。

想像するより、地味で地道な作業が繰り返されているのがテレビ業界である。タレントや俳優と日々、派手に遊んでいる暇などない。

企画会議や撮影・収録の準備、撮影や収録が終われば「ポスプロ（ポストプロダクションの略）」という編集作業がすぐに始まる。週いちのレギュラー番組をかかえていたら、あっという間に1週間が過ぎてゆく。

同時に、当たり前と言えば当たり前なのだがテレビ業界にも格差が存在する。

まず一番大きな格差と言えるのが、「局員↔非局員」間の格差である。

テレビ局の局員と言われる正社員は、大学卒という雇用条件によって入社試験を経て採用される。新卒採用数で断トツに多いのはＮＨＫで312人（2021年度）、そして日テレ27人（2022年度）、テレ朝25人（2023年度）、ＴＢＳ31人（2021年度）、テレ東20

人（2023年度）、フジ41人（2021年度）となっている。

そのうち制作現場に配属されるのは一部であるから、多くの人間が関わる制作現場は一握りの局員によって束ねられることになる。

これはよく**「テレビ局のピラミッド構造」**という言葉で説明されるが、テレビ番組を発注される制作会社のADを最下層としてその上に制作会社のディレクター、制作会社のプロデューサーが積み上がり、一番上にテレビ局のプロデューサーという少数が君臨する。

なぜテレビ局のプロデューサーがこのピラミッドの頂点にいられるのかというと、ひとつには少数だから稀有だということがある。そして予算繰りやキャスティング、スタッフマネージメントの権限を握っているということもある。

民放テレビの局員はかつて「高所得」の代名詞と考えられてきたため、そういった待遇面の優位性もあった。

実際に30代前半で年収1，000万円を超えることは珍しくなかった。私が20代のADのころは残業代に制限がなかったので、編集で徹夜などをすると収入が青天井に上がった。

しかし、いまはそんなテレビ局はない。働き方改革と労働基準法の規制に縛られ、「テレビ局＝高収入」というイメージはだいぶ崩れてきた。

現在はテレビ局員ではないのでフラットな立場で事情を話せるが、テレビ局員は本当に忙しい。その忙しさをもっとも助長しているのが、**「プライベートが皆無に等しい」**という状況である。

基本的には局員の場合、土日が休みの「週休二日制」である。だが、休めることは少ない。連続ドラマの収録などが始まってしまうと予算削減のためにぶっ続けで撮影をしなければならないので、撮影現場の立ち会いをすると土日はつぶれる。

規則で振休を取らなければならないのだが、休みの日にも電話がかかってきたりメールが来たりしてその対応に追われる。しかもテレビ業界は何事においても進む速度が速い。あらゆることに即断が求められるため、メールの返信もすばやくおこなわなければならない。もたもたしているとビジネスチャンスを逃してしまう。

テレビ業界を離れてみて気がつくのは周りの人のメールのリアクションの「遅さ」である。みなそれぞれのペースで返信してきてくれるのだが、本来それが普通なのだ。

逆に言えば、それほどまでにテレビの世界ではメール返信が〝異常に〟速かったということだ。ほとんど「速くリアクションしなければ！」という強迫観念にかられているようなところがあった。

そうなると、自然とプライベートの時間はあってないようなものになってくる。問題やトラブルが起こるとより多くの時間を取られる。

たくさんいるスタッフを「衛星」にたとえるならば、プロデューサーはその中心に位置する「惑星」のようなものである。

すべての衛星とコミュニケーションを取り、それぞれのことを知り、理解し、すべての状況を把握していなければならない。それらの作業に割く時間は無限大に必要だ。あってもありすぎること、余ることはない。

スタッフケアには限りがないのである。

局員に与えられる高給は、そういった「プライベートの時間を犠牲にする対価」であったとテレビ業界から距離を置いたいまでも思うし、おそらくそれは正しい。

それが時代の流れやいろいろな事情によって、以前に比べて収入が抑えられるようになった。

そしてそれによって、「対価が労力に見合わなく」なったのである。

「辞める理由」として給料が下がったことを公然と挙げる人はいないだろうが、キャリアの総仕上げに入ろうとする40代後半から50代のクリエイターたちにとっては、定年まで勤め上げるだけの魅力がまたひとつなくなったというわけだ。

報道によると、２０２２年1月にフジテレビが早期退職者の募集をしたところ60人以上の希望者があったという。この際に特別損失として計上した金額は90億円だったというから、単純に計算すればひとりあたり1億円以上が退職金の加算金として支払われたことになる。そんな実例からも、みな「機会があれば」と手ぐすねを引いて待っている様子が想像できる。

ピラミッド構造の弊害を克服する方法

ピラミッド構造のテレビ業界。限られた少数の局員が牛耳る番組制作現場には、当然のことながら「ひずみ」と「ゆがみ」が生まれる。

ピラミッドの上の方にいるということは、命令や指示をする側にいるということだ。昨今はパワハラに対する厳しい目や下請法があるため制作会社にあからさまなプレッシャーをかけることはなくなったが、「お願い」というかたちを取りながらほとんど〝強制的に〟無理難題を押しつけるプロデューサーも少なくない。

もちろん、純粋に「よい作品を作りたい」という思いや願いがあってのことだろうが、下請けの制作会社から見れば結果的に「ゴリ押し」となっている場合が往々にしてあるのは事実である。

これについては、当事者でもあった私から見れば**「仕方ない部分もある」**というのが正

直な感想である。局プロデューサーも社内においては「予算をもらう＝ゴリ押しをされる」立場だからである。

番組企画の採択をするセクションである編成からは「こんな内容だとダメだ（実際にはそういうダイレクトな言い方はしないが）」というようなことを言われ、「予算はこれしかない」と言い渡された制作費で番組を作り成果を上げなければならない。

現場の局プロは、いわば局の編成と制作会社にはさまれた中間管理職のようなものである。テレビマンは会社員なので、業績が悪いと現場から外されてしまったり、ひどい場合には降格や左遷などを受けたりすることもあり得る。それによって給料が下がることもある。

だから、下請けの制作会社に無理を言ってるなぁと思いながら「予算に収まるようにする」ことや同じ予算で「クオリティを上げること」を要求しなければならないのだ。

そこで、この悪習を改善するために私はひとつの提案をしたい。

番組の予算を最終的に決める予算会議は、局のプロデューサーが社内の各セクションの社員数人と密室でおこなうのが慣例となっている。つまり、局内のクローズドの状態でおこなわれるわけだ。

局員から制作会社へのゴリ押しの代表的なものとしては、「買いたたき」と呼ばれる制作費の値切りがある。しかし、これには前述のような社内的な事情もある。担当プロデューサーがもっと制作費を出したいと思っても、制作費を決める部署が認めてくれなければどうしようもないからだ。

またビジネスというのは相手の受け取り方の違いで印象も変わってくるもので、例えば局員が「すみません、これしかないんでこれでやってください」とお願いしても、先方が「いや、本当はもっとあるはずだ」と感じて「買いたたきだ」と思えばそういうことになってしまう。

私のアイデアは、いまは閉鎖的な状況下でおこなわれている予算会議を制作会社も参加するオープン形式に変えてはどうかというものである。

その場に制作会社のプロデューサーにもいてもらって、一緒に料金交渉をしてもらう、なぜその金額が必要なのかということを一緒に説明するなど「場を共有」するのがいいのではないか。

その場合のデメリットとしては局内の機密事項が外部に漏れる心配があるが、そこは信頼関係で乗り越えられる気がする。

それ以上に一番問題になる予算という点において**「意識の共有」**をすることができるので、メリットのほうが勝っている。制作会社にも「一緒に頑張ろう」と思ってもらえるとしたらその効果は大きいものになる。

いまも変わらないADの悲惨な現実

テレビ局のピラミッド構造は、「制作会社のＡＤ」を底辺としてその上に「制作会社のディレクター」「制作会社のプロデューサー」「テレビ局のプロデューサー」という順で積み上がっていると記したが、実は最下層の「制作会社のＡＤ」のなかにも上下関係がある。

制作会社の「正社員ＡＤ」とフリーや人材会社から派遣される「契約ＡＤ」である。

かつてはこの契約ＡＤがこき使われる時代があった。何日も家に帰らせてもらえなくて風呂にも入れず、身体からは異臭がするということは日常茶飯事だった。よく「あそこの編集室でＡＤがいつの間にか死んでいた」とか、「だからあそこには幽霊が出る」などの噂がまことしやかに聞かれた。

しかし、「３Ｋ（きつい・汚い・危険）」やそれに「帰れない」を足して「４Ｋ」とかいうＡＤの仕事をあらわす言葉もいまや死語になりつつある。

昨今の「ブラックな現場や会社」へのバッシングが激しくなった風潮を受けて、かつてはすべてＡＤにやらせていた仕事をほかの人がやらなければならないケースが増えている。雑務はアシスタント・プロデューサーやプロデューサーがおこなう場合も少なくないし、リサーチはリサーチャーやリサーチ会社に依頼することがほとんどになった。

私がADのときには、何でもかんでもやらされていた。

上司のディレクターが酒を飲んでいる場所を探し当てて（当時はスマホどころか、携帯電話すらなかった）カット割り用の台本を届けるなど序の口で、家の引っ越しの手伝いにまで駆り出された。編集の合間に「何か食べるものを買ってこい」と言われ、「何を買ってくるかで、お前のセンスがわかるからな！」と無茶ぶりされても文句ひとつ言えなかった。

だが、いまはADは定時で帰らされ、その代わりをほかのスタッフが補っている。何から何までやらされていた時代からすると「よい時代になった」ということだろうが、仕事をどんどんやって先輩から知識を吸収したいとかスキルを上げたいと考えている人にとっては迷惑な話だろう。

ギャラの面に関しても、局員を除けばもしかしたら契約ADが一番高いかもしれない。社会環境の変化によって労働者の条件主張が大きくなるにつれ、派遣会社が制作会社やテレビ局に要求する金額も高くなってきているからだ。現在の売り手市場も影響している。ただし派遣会社が「中抜き」をするので、AD本人に入る額はそうでもない。だからADのなり手は依然として少ない。

しかも派遣会社に所属している限り、どれだけ一生懸命働いてもディレクターに昇格させてもらえることはほぼない。制作会社やテレビ局がほしがっているのはあくまでもADであって、ディレクターではないからである。「ディレクターになりたい」と主張すれば即座に首を切られ職を失い、そのAD枠にはほかの人間があてがわれるだけだ。

自力で制作会社などの正社員にならない限り、永遠にキャリアアップは望めないのである。

そういう意味では**昔もいまもADに関するブラックさ加減は変わらない**。

だからADという呼び方を「YD（ヤング・ディレクター）」や「ND（ネクスト・ディレクター）」に変えたことは「まずはかたちから」ということなのだろうが、なんだか「ごまかし」や「まやかし」のように私には思えてしまうのである。

もっとも「男女参画」が遅れているテレビ業界

テレビ業界は、もっとも男女参画がかなえられていない現場と言われている。

私がテレ東に入社した1986年には男女雇用機会均等法が施行されたが、テレビの現場にまでその運用が徹底されているわけではなかった。

どちらかと言えば、「テレビのような現場では、女性は無理」とか「女性はお荷物」のように考えられていた。

2022年7月に公表された「民放テレビ・ラジオ局女性割合調査報告」によると民放テレビ局の女性割合は日テレ25・7%、テレ朝22・9%、TBS21・8%、テレ東26・4%、フジ27・1%であった。

いまの時代にまだ2割程度の女性比率という水準は、世界的にみても著しく遅れている。テレビ産業の頂点に君臨するテレビ局は、完全に男性中心の組織と言わざるを得ない状況だ。

そんななか、最近とみに目立っているのが**制作現場における女性進出**である。テレビ東京の2023年4月クールのドラマ『弁護士ソドム』では、ある日の現場撮影スタッフ51人中の35人が女性であった。

なぜテレビの現場に女性が増えているのか。これには歴然とした理由がある。撮影に使う機材の軽量化である。

カメラが小型化したことはもちろんのこと、照明もLEDとアルミニウム合金で作られたものが使われるようになった。持ち運びをするのにも重かった照明スタンドやガンマイク、ガンマイクのブームポールなどの部品が軽くなった。

そのため比較的体力に自信がない女性でも簡単に扱えるようになったのである。

昔はガンマイクのブームポールなども重くて、体格がいい男性でも長時間の収録になると伸ばした手が徐々にプルプルしてきて額には脂汗がジワリという感じだった。

いまはきゃしゃな人でも軽々と持てる機材が増えたため、不安がなくなったことが大きいと考えられる。

このように映像制作の現場では、局員の女性比率が男性の4分の1に満たないというデータが嘘のような状況だ。いかにテレビ局というコミュニティが旧態依然なのかという証拠である。

「それでよし」としているから、事態は変わらないのだ。

女性参画に関しては、無理に現場スタッフに女性を入れようとしているのではないかと か、やたら「女性プロデューサー」「女性ディレクター」と「女性」をアピールするのはどうかという声があるが、**〝あえて〟意識して実行してゆかないと改善は困難だ。**

これだけ長きにわたって女性の参画を拒んできた業界である。そこには根深い差別意識がある。

それを払しょくしてゆくためには時代の流れにゆだねているだけではダメで、無理やりにでも変えてゆくくらいの覚悟が必要である。

うちの現場には女性スタッフを半分は入れる、プロデューサーの半分は絶対に女性にするなどの「無理やり感」は男女参画という課題解決のためにはあったほうがいい。多種多様の時代だからだ。

クリエイティヴなものを作り上げるには、さまざまな意見が必要である。

志向も好みも多様、考え方や主義も多様である。

ドラマを作るときにも男女両方の視点からものごとを検証する必要がある。主人公が女性ならば女性プロデューサーの立場からはどう見るのか、それは私のような男性が考えても想像の域を脱することはない。

私は打ち合わせや会議のときに、番組内容に関して何か迷うことがあったら必ず男女両方のスタッフに聞くようにしていた。そうすると「なるほど」と思うさまざまな意見が飛び出してくる。

さらには男女というステレオタイプな性差だけでなく、LGBTQ的な視点も必要だ。テレビは本来、視聴者という大衆を相手にする商売であるから、より広い視野が不可欠なのだ。

そのテレビ業界で男女参画が進んでいないことや男性優位の環境にあることは、「恥ずかしい」という感覚以前に〝あり得ない〟ことなのだという意識をテレビの現場に携わる一人ひとりが持たなければならない。

〝現場から〟ものごとを変えてゆくことはできるのだ。

「働き方改革」は、「働くな」ということなのか

近年、テレビ業界にも「働き方改革」と「若手育成」という組織改革に関する大きな波が押し寄せている。

まず「働き方改革」に関してだが、過労死などを防ぐための法律があってそれを遵守しなければならないということは大前提である。そのうえで、現状のなかでどう最善策を練ってゆくかが肝要だ。

特にテレビ業界はハードである。働き方改革の3本柱は「労働時間の是正」「正規・非正規間の格差解消」「多様で柔軟な働き方の実現」であるが、なかでも「労働時間の是正」は大きな課題だ。

そのためにも、働き方改革という旗振りの一方でその過剰なまでの実践によってしわ寄せを受けている人々や現場があることにも目を向けるべきである。まさに3本柱の3つ目の「多様で柔軟な働き方の実現」がともなってはじめて、そのほかの2つが可能になるの

ではないだろうか。

働き方改革は、疲れていたり「少し休みたいな」と感じていたりする人を守るには必要な制度だが、「もっと働きたい」と思っている人にとっては逆に負担になることもあることに注意しなければならない。

「もっと働きたい」と考えるケースにはふた通りある。

ひとつは純粋にいま仕事がおもしろくて続けたいと思っている場合。そしてもうひとつは、もっと働かないと仕事が終わらないという場合である。

後者の場合は、周りの環境も含めて改善が必要である。少しぐらい仕事量を減らしても仕事が完遂できるようにサポート体制やシフトの組み方、仕事量の見直しなどを徹底的にやらなければならない。

だが、前者の場合には少し事情が違ってくる。いま仕事が楽しくて続けたいときに「もうやめなさい」と言われたら、人はどう感じるだろうか。

幼児がおもちゃを取り上げられた状態を想像するとわかりやすいだろう。

この場合、幼児に罪はない。

しかし、親としてはこれ以上続けたら睡眠時間が少なくなって身体を壊すなどの心配をするから「もうやめとこうね」と言っておもちゃを取り上げるのである。当然、幼児は「なんで！　もっとやりたいのに！」と泣きわめくだろう。

このように、**両者の違いは本人が「やりたくてやっているのかどうか」**だ。

これをテレビ現場に当てはめてみよう。

テレビの現場は徹底した分業制で成り立っている。プロデューサー、ディレクター、監督、助監督、演者、脚本家、構成者などなどそれぞれのテリトリーで責任をもって仕事をしている。もちろん、普通の会社もそうだろう。だが、テレビの場合はその度合いがものすごく強い。

そしてそのジャンルやテリトリーはその人でなければ成り立たない場合が多い。この企画はこのプロデューサーが立てたものだから、このドラマはこの監督ありきで始まっているし演者もそれを条件に出ている、などの「人間が作り出す」コンテンツならではの事情が満載である。

それはひとえにそれぞれのジャンルにおけるプロ意識が高いためで、それぞれの役割に対してリスペクトをしているからだ。だから安易に「私が代わりにやりましょう」と言って手を出したりしない。

そんなテレビ現場で「働き方改革」の杓子定規的なルールだけで、「はい、あなたは時間がオーバーしているから今日は仕事やめてね」と言われて自分の責務をまっとうできなかったらどうなるだろうか。

その場が消化不良に終わるだけでなく、周りに迷惑をかける。さらには分業制だから最終的には自分で尻ぬぐいをしなければならなくなり、そのしわ寄せが我が身に大きくのしかかってくるのだ。

「ほかの人がやれない状況を作っていること自体がおかしいのでは？」という意見もあるだろう。だが、それほど「専門性」が高い仕事であることも事実であるし、そうやってクリエイターたちは自分のテリトリーを守り、生計とプライドを保ってきた。

誤解のないように言っておくが、働き方改革を無視せよと言っているのではない。

法律は正しい運用の仕方がされないと悪法になりかねない。働き方改革においても、テレビの現場に合わせた〝適度で〟〝柔軟性のある〟運用を願っている。

「若手育成」で、ベテランクリエイターが干される⁉

最近、テレビ業界では「若手育成」という声をよく聞く。これはテレビ業界の人気が以前ほどではなく人材が集まりにくくなっていることや、仕事がハードだと言って離職する若者が多くなっていることへの対策とも言える。

いわゆる「若者の人気取り」をしているわけだ。

「テレビ局は若手を育成していますよ！　だからあなたもいいキャリアを積むことができます！」というアピールだと考えればわかりやすい。

そして「若手育成」という方針のもとで肩身の狭い思いをしてゆくのが、ベテランクリエイターたちである。

「それは若い人に任せたらどうですか？」「若手を育てないとね！」という言葉とともにロートル（年寄り）の活躍の場が失われてゆく。

そんな若手育成施策も近年のベテラン（制作者やアナウンサーを含む）テレビマンが会社を辞める動機になっている。

しかし、**私はこの傾向は悪くないと思っている**。

呼称を変えるという表面的なことには賛同はしないが、「若手育成」という名のもとに若者たちにチャンスが与えられるのはとてもいいことである。

またそれが仮にベテランの離職につながったとしても、本当に力があるクリエイターは場が変わっても力を発揮するだろう。局に残るロートルクリエイターたちも「私もまだ負けていないぞ！」と一念発起すればよいのだ。

だが、若手育成施策は大上段から理想だけを唱えていても何の意味もない。大事なのは、

「若手育成」を実現するために具体的にどんなことをやるのかということだ。

最近、「なかなかいいな」と思える取り組みも生まれてきている。

テレビ東京では、２０２２年から「テレビ東京若手映像グランプリ」という試みを始めた。これは30歳以下の社員が「予算ひとり１００万円」「15分以内」「ジャンル自由」のルールで映像を作って、地上波放送枠をかけて競うというものである。

企画の発案者は入社3年目の若手ディレクターであり、初年度の優勝者も3年目のディレクターだった。その作品『Raiken Nippon Hair』の「架空の国のクイズ番組」という設定は、インターネット上で大きな話題を集めた。

素晴らしくアグレッシヴな企画なのだが、惜しむらくは応募者を「社員」と限定してしまったことだ。**テレビ局の料簡《りょうけん》の狭さが露見してしまった**。

「自分の局の若手だけが育てばいい」という考えが見え見えである。せっかくなら、地盤沈下しそうなテレビ業界全体を盛り上げようという大きな度量でやればいいのにと残念に感じる。

私のアイデアは、「若手映像グランプリ」と同時に「ロートルクリエイターグランプリ」を開催するというものだ。そうすれば、両方の年代の課題を一気に解決する糸口となるのではないだろうか。

「人材の流出」は大きなメリットを生み出す

前節に記したように、テレビ業界全体のためにはテレビ局は自分の会社のことだけを考えていてはダメだ。あらゆる問題や課題に対してテレビ業界全体としてどうしてゆくべきか、どうしてゆけるのかを考える必要がある。

そしてそういった広い視野で考えると、**「人材の流出」は悪い側面だけでもないのだ**。流出があるということは流入もある。若い世代が生まれるというのもそうだろうし、ほかのジャンルやテレビ局間、他メディアやほかの映像業界からの流入もあるだろう。

私が在籍していたテレビ東京のドラマ室には、２０２３年8月段階で18人のプロデューサーと13人のアシスタント・プロデューサーがいるが（ひとりは両方を兼務）、ディレクターや監督はいない。

これはテレビ東京の社員数が在京民放他局の6割くらいだという特性に起因しているが、注目すべきは「正社員とそうでない割合」そして「正社員のうち中途入社が占める割合」の2点である。

前者は「どれだけ労力を外部に頼っているか」、後者は「どれだけ能力が流入しているか」というバロメーターとなる。

実際の数字を見てみると、「正社員とそうでない割合」は「17：13」。そして「正社員のうち中途入社の社員が占める割合」は「41％」であり、テレビ東京がいかに外部の労力に頼り、人材の流入が多いかがわかる。

この結果はテレ東のドラマ現場に社員の若手を育成する文化がなかったことを暗示しているが、現在の社会環境を鑑みると比較的健全な人材の動き方（流入出）をしていると私は分析している。

テレビ局自体はこれらの現状をしっかりと見すえて、外部労力の重要性を再認識すべきである。局の「中↕外」というふうにわけ隔てすることなく、外の人間も大切にしなければならない。いわゆる「人材のインバウンド」だ。

インバウンド人材の能力をいかに活用することができるかが、テレビ局の今後の生き残りのポイントである。

私はテレビ東京制作（略称：プロテックス）という制作会社に長い間出向していた。そのいきさつは、拙著『弱者の勝利学 不利な条件を強みに変える〝テレ東流〟逆転発想の秘密』（方丈社刊）に詳しいが、テレビ局の社員でありながら制作会社の社員でもあったので他局で多くの番組を作る機会に恵まれた。

日テレの『モクスペ』や『NNNドキュメント』、フジの『ザ・ノンフィクション』、N

HKの『BSプレミアム』、WOWOWの『ノンフィクションW』などである。

あるとき、テレ東の幹部に言われたことがある。

「局員が他局の番組作りに労力を費やすのは、会社の損失だ」

確かにマンパワー的な利益を考えるとそうかもしれない。しかし、自局の番組だけをやっていたら制作費を使うだけだが、他局の番組をやることで制作費を外から稼いできているわけだから、経営的には社益を上げていると言えるのではないだろうか。

さらに言えば、「社益」とはお金などの目に見える会社の利益だけを指すものではない。社員が外で武者修行をして力をつけてくることも、会社にとっては大きな利益になるはずだ。

そう考えると、人材の流出はよいことなのではないだろうか。

テレビ業界の活性化やもっと広いマーケットである映像業界全体を成長させ、発展させることになる。

もうすでに「一局だけ」のレベルでものごとをとらえる時代ではないし、いまのテレビの状況を考えればそんなことを言っている場合でもない。

私はテレビ局の人材もプロサッカーのように**「レンタル移籍制」**を採り入れればいいのではないかと思っている。

そのときどきで本人の希望や会社の必要に応じて局員同士を移籍させたり交換したりすれば、その人の「得意ジャンル」をいま以上に活かせるかもしれないし、会社にとっても足りない人材を補うことができる。「フジのバラエティが得意な30代のディレクター」と「テレ東の経済報道が得意な40代のプロデューサー」を半年間トレードするなどである。

そのことで、クリエイターたちの可能性や夢も広がるだろう。

フリーエージェント制度やフリー契約のようにしておけば、自分の「ホームグラウンド」として元のテレビ局がありながら出たり入ったりすることができる。

昔辞めた人がまた活躍できるようなシステムがあって、いま以上にその局やテレビ業界が魅力的になっていけば、優秀なクリエイターや代えがたい人材は戻ってきてくれる。

さらに大きな力をつけて帰ってきてくれるに違いない。

とても夢がある話ではないだろうか。

最終章　テレビは生き残れるのか

最小最弱の民放テレビ局・テレ東に何が起こっているのか

在京キー局のなかで最小最弱のテレビ東京。そのテレ東は、もっとも自由に企画して楽しみながら話題の番組を作っているイメージがあった。

だが、最近はそうではないという声をよく聞く。

これまで本書で挙げたようなさまざまな理由があるだろう。なかでも誰もが口をそろえて言うのが、**「口を開けばマネタイズばかりだ」**という非難である。

わかりやすく言えば「金もうけ主義」「拝金主義」に走っているということなのだが、これは仕方がない面もある。

テレ東はほかの局に比べて人数も少なく、そのぶんフレキシビリティがあった。「ざる」というか「おおらか」というか、そういったところが少人数とあいまってクリエイターがやりやすい環境を作り上げていた。

しかし、**そうは言っていられない状況になったのだ。**

テレビ業界全体が「メディア戦国時代」に突入したからである。

テレビが生まれて70年。初めての出来事だ。

これは田舎侍としてのんき気にマイペースに過ごしていた地方大名が、天下統一の波に飲み込まれそうになって慌てるさまと同じだ。

自分の国の混乱ぶりを見て、「それならば」と自由に生きられる「浪人」になる者が増えるのは当たり前である。

そんなテレ東の右往左往ぶりは、テレビ業界全体の縮図でもある。なぜならば、小さな池の水が汚れるとそこに住む魚が死んでしまうように、小さなテレビ局で起こっていることは極端ではあるがわかりやすく可視化されたものだからだ。

そして小さな国では、反応や対策も早い。

テレ東は自らの状況に危機感をいだいて、「伊藤P」として業界に名を馳せた伊藤隆行氏を制作局長に抜擢《ばってき》した。

伊藤氏は入社当時は編成局に在籍していたが、そのほとんどを制作局で過ごしている。『モヤモヤさまぁ～ず2』や『やりすぎコージー』などかずかずの番組をヒットさせた生粋のクリエイターである。

いわゆる「会社人」というより「モノ創り人」であり、いわゆる〝出世をしたい〟どちらかというと下の現場より上の幹部を見ている管理職とはまったく異質である。

私が一時期、バラエティ番組をやっていたときにADを務めてくれたが、まさに「至れり尽くせり」という言葉がぴったりの見事な仕切りぶりをする。部下やスタッフのこともよく観ている世話焼きだし、性格も明るく前向きだ。

2023年の3月に私が退職したちょうどそのタイミングで局長に就任したが、4月にふたりきりで食事をする機会があった。

そのときに伊藤氏が話したことは、テレビの未来を示唆しているような気がしている。

「テレビは文化であることを忘れたときから、おかしくなった」と語る私に、伊藤氏は言ったのだ。

「あぁ、そのお話を聞いてすっと腑《ふ》に落ちた気がします」

そして、「このタイミングで制作局長を命じられた自分が何をすべきか、どういう方向に向かうべきかがわからなかった」と告白してくれた。だから「テレビは文化と考えるべき」と言われて、やるべきことが見えたというのだ。

その言葉の意味するところの答えはこのあとの鼎談を楽しみにしていただきたいが、伊藤氏のこの気づきはテレビの未来を指し示す「道しるべ」である。

テレビはいまだに人々に与える信頼度や影響力において大きな力を持っている。それは欧米や外国諸国に比べて特徴的とも言える現象だ。

訴求力という点においてもそうだ。配信の100万再生はすごいと言われるが、テレビの1000万人視聴はたかだか関東の個人視聴率2・5%にすぎない（個人視聴率1%を40・

5万人に換算)。

伊藤氏は言いたいのではないだろうか。テレビはそんな存在であるという自覚とプライドを忘れていないかと。

テレビには、「こうあらねばならない」などといった定型はない。テレビの傲慢さを捨て去り、その一方で人々に与える影響を真摯にとらえ、一つひとつの番組が「存在している意味」や「伝えたいこと」を素直に表現してゆく。

それこそが放送が文化たるゆえんであり、**「放送文化」の原点**なのではないだろうか。

では、テレビが生き残ってゆくためにはどうしたらよいのだろうか。最後にこの章で考えてゆこう。

配信に比べたテレビの「優位性」とは何か

コロナ禍が収束し始めたいまだからこそ、テレビはその存在意義を示すべきである。また、テレビからすれば「脅威」であろう配信との関係を見直すときである。

まずは、配信の出現でテレビメディアは「オワコン（終わったコンテンツ）」になるのかどうか真剣に考えなければならない。

私はその渦中にいたからこそ「ならない」と考えるし、そう実感もしている。

そしてその思いはテレビ業界から距離を置いたいま、ますます強まっている。

地上波と配信の関係において最大の懸念とされる「競合」についてのポイントは、**「オリジナル配信」と「地上波の配信化」は違う**ということである。

私が大学の授業で学生に「配信の番組を見て、問題点を挙げてください」という課題を出すと、多くの学生が地上波で放送された番組が配信化されたものを挙げる。

しかし、これは「配信の番組」ではない。配信プラットフォームが独自（オリジナル）に制作した番組ではないからである。だが、学生たちは混同をする。

この現象は、いかに「地上波の配信化」が多いかをあらわしている。

「やっぱり配信はおもしろいなぁ」と思って見ている番組のほとんどは、テレビ局が作って地上波で放送したあとに配信に転売した地上波由来のコンテンツなのだ。

その事実にこそ、テレビが生き残るためのヒントが隠されている。

まずは、以下に配信と比較したテレビの優位性を3つ挙げたい。

1．テレビは最強のコンテンツホルダー

テレビは、放送をすることで著作権をクリアにしたコンテンツを365日24時間

蓄積できている。

2. テレビにはコネクションがある

テレビは、コンテンツを作るためにキャスト事務所や制作プロダクションとの間に長年のコネクションを蓄積してきた。

3. テレビは無料放送

無料放送ということが続く限り、高齢者や生活弱者にとっては重要なメディアテクノロジー（情報収集の手段）たり得る。

私は**「テレビのコンテンツから視聴者が離れている」のではない**と考えている。知らず知らずのうちにテレビ局が作った番組を配信というプラットフォームで見ている視聴者が多いということを鑑みると、まだまだ魅力的な番組やコンテンツがテレビには溢れている。

視聴者はテレビという「システム」から離れているのだ。

決まった時間にテレビの前に座り、家族そろって同じ番組を見るといったような視聴習慣に魅力を感じなくなっている。核家族化や生活スタイルの変化、家族間の嗜好性の多様化も理由としてあるだろう。

私が子どものころには、土曜の夜8時には家族そろってブラウン管テレビの前に座ってTBSの『8時だョ！全員集合』を見るといったような決まりごとがあった。

しかし、そんな習慣も過去のものである。

配信時代にテレビが生き残ってゆくためには

テレビが生き残るためのヒントは何か。

それは2点に集約される。

1.「リテラシー」を磨く

2.「オリジナル」の確保を目指す

放送や配信の世界においていま、「リテラシー」や権利に関する問題が多発している。

「リテラシー」とは、元々「字が読める」とか「読み書きができる」という能力を示す言葉であり、「文字」を意味するletterに由来している。そこから転じて、ものごとを「解釈」「分析」して「理解」し、それを駆使して「表現」や「発信」をすることができる能力を意味する。

テレビが生き残ってゆくためには、テレビに携わる者すべてがこのリテラシーを磨く必要がある。

以下は実際にあった話である。ドラマの撮影の際に、居酒屋でのシーンを撮るために制作陣がある店にロケハンに行った。芝居場となる背景がさみしいとのことで、監督が「何かポスターのようなものをここに貼って」と要請した。

「わかりました」と助監督は答え、美術にポスターを発注した。

撮影を終え、放送は無事にすんだ。

と思っていたら、ある日突然、視聴者から局に電話がかかってきた。

聞けば、そのドラマで使われたポスターの図柄が自分の作り出したキャラクターそっくりだというのである。

美術に確認したところ、助監督が持ってきた図案通りに作っただけで何がどうなっているかまったくわからないという。助監督に聞いてみると、サイトを見ていたらちょうどよさげなデザインがあったのでそれをプリントアウトして美術に渡したが、そのときに「くれぐれも著作権に引っかからないようにお願いします」と何度も念押ししたはずだの一点張りだった。

結局、電話をしてきた視聴者には事情を正直に話して丁重に謝り、いくばくかの著作権料を支払って納得してもらうことでことなきを得た。もし相手が無茶を言ったり悪質なクレーマーだったりしたら大変な事態に発展していたかもしれない。

問題のポイントは、発注した助監督、ポスターを作った美術、そしてそのチェックを怠ったプロデューサー、以上の三者全員に瑕疵《かし》があったということだ。

まず助監督が「著作権に引っかからないようにしてほしい」とお願いしている時点で、そのデザインを無断で使うことはヤバいと認識していたということがわかる。

美術もそうお願いされたら「それってヤバくない？」と言い返すこともできたはずなのに、それをそのまま看過して使ってしまった。

私がもっとも罪が深いと考えるのが、プロデューサーである。

プロデューサーは最後のチェック機関である。上記に挙げたようなことをすべて気づいて排除してゆくのがプロデューサーの仕事だ。それを見逃したのか、もしくはチェックを怠ったか、どちらにしても番組の最高決定権者としての責任は重い。

ライツ（権利）関係は作品にとっての生命線であり、もしトラブルなどになった場合には多額の損失をこうむるだけでなく、未来永劫その作品が日の目を見ることがなくなってしまう。

こういったリテラシーを身につけているかどうかが、そのクリエイターが生き残ってゆけるかどうかのボーダーラインであり、だからこそテレビ業界全体としてその能力を上げてゆくことが急務なのだ。

テレビの制作者は「日本民間放送連盟 放送基準」というものに従って番組を制作し、放送している。その10章に「犯罪表現」という項目がある。

そこには「犯罪を肯定したり犯罪者を英雄扱いしたりしてはならない」「犯罪の手口を表現する時は、模倣の気持ちを起こさせないように注意する」と記されている。

前掲のドラマ『破獄』を私が作ったときには、この放送基準にのっとって充分な配慮をおこないながら制作を進めた。

具体的にはこうだ。

ドラマは吉村昭氏の小説を原作としているが、その読ませどころのひとつは「脱獄の手法」である。手に汗握るような詳しい描写がおもしろい。

だが、ドラマでは「破獄の手法」が重要なのではなく「破獄の理由」が物語の主軸と考え、脱獄の手口を細かく映像化することは避けた。それは視聴者に模倣の機会を与えないようにという配慮であった。

また当初は脚本上になかったセリフを足すという措置もおこなった。

ビートたけし氏演じる看守の浦田が、山田孝之氏演じる脱獄犯の佐久間を網走刑務所に移送するシーンである。

「網走は寒いから嫌だ」と愚痴を言う佐久間を浦田が「お前は人を殺した。その罰は受けなければならない」と諭すのだが、この浦田のセリフは当初の台本にはなかった。しかし、「犯罪を肯定したり犯罪者を英雄扱いしたりしてはならない」という基準に沿った判断から、つけ加えることにしたのだ。

このようにテレビの創り手は、細かなルールや決めごとをすべて理解したうえで、そのときの状況に合わせた臨機応変な対応を〝迅速〟かつ〝適切〟におこなう必要がある。

「リテラシー」を磨くために必要な2つの力

では、どうやったら以上のようなリテラシーを身につけ、磨くことができるのか。

コツは、次の2つの能力を鍛えてゆくことにある。

1．想像力（imagination）

2．リスクマネージメント能力

第5章でも記したように、1．の「想像力（imagination）」は「もしこうしたら、こうなる」といったようなことを想像することができる力である。

先程のポスターの例でいえば、「もしネットで見つけた図案を許可なく使ってしまったら、ヤバいことになる」と想像するということだ。しかし、もし想像力が備わっていても「未必の故意」が邪魔をすることがある。

「未必の故意」とは、「もしネットで見つけた図案を許可なく使ってしまったら、ヤバいことになる」ということが想像できたとしても「そうなっても仕方がない」と許容してしまうというような場合を指す。

そこで必要になるのが、2．の「リスクマネージメント能力」だ。

「リスクマネージメント能力」とは、リスク（危険）を回避しようとする気持ちやその力を意味する。

これら2つが同時に備わっていれば、「もしネットで見つけた図案を許可なく使ってしまったら、ヤバいことになる」ということを想像し、「そうなっても仕方がない」とは思わずに「ヤバいこと＝リスク」を避けようとする。

以上のように、**想像力とリスクマネージメント能力はワンセットで稼働させる必要があ**

るため、常に一緒に養ってゆくことが必須となる。

「ヒト・モノ・カネ」の「ヒト」がテレビを救う

アメリカの経営学者ジェイ・B・バーニー氏は、企業における「4つの経営資源」として、「財務資本」「物的資本」「人的資本」「組織資本」を挙げている。

財務資本は金銭の資源のことで、「ヒト・モノ・カネ」のカネに値する。物的資本は設備や技術のほかに立地も含まれる概念で、「ヒト・モノ・カネ」のモノに値する。人的資本は人材や人間関係や人材が持つスキルのことで、「ヒト・モノ・カネ」のヒトに値する。そして組織資本は、人材が集まる組織や組織のシステムまで含まれる概念である。

「ヒト・モノ・カネ」は、最近ではこれに「情報」を足して「4大資源」と言われたりもするが、そもそも**なぜ「ヒト・モノ・カネ」の順番なのだろうか**。

料理作りのケースに当てはめて考えてみるとわかりやすい。

「おいしいラーメンを作ろう！」と思ってもおいしいラーメンのレシピがないと、おいしいラーメンが作れない。しかし、レシピを考えるのは機械でも何でもない。ヒトである。

これを逆から考えて、カネを最初に持ってくるとどうなるだろう。

「金があれば自然と優秀なラーメン職人が集まる」と考えて自分で人材を育てたり集めたりすることをしなかったら、どうなるだろうか。

もし優秀なラーメン職人が見つからなければいいレシピも生まれないし、金も生み出さないという悪循環に陥ってしまう。

テレビの世界は作り出す「モノ」である作品が人を扱ったものや人を映し出すものが多いだけに、さらにこの「ヒト」が大事になってくることは言うまでもない。

テレビ局はいま「制作者のモラルの低下」を深刻に考え始めている。リテラシーやリスクマネージメントを高めるために、社内でもさまざまなセミナーが頻繁におこなわれている。セクハラや差別問題、考査事例研究など人材教育が活発化している。

「ヒト」を育てることの大切さにやっと気づいたのだ。

「オリジナル」の確保とはどういう意味か

テレビが生き残るためのヒントの2つ目、「オリジナル」の確保を目指すということについては、ドラマの例で考えてみたい。

ドラマは配信時代を迎え、ドル箱コンテンツとなりつつある。しかし、今後ドラマのステレオタイプ化が進み、配信においてドラマが飽和状態になったときに生き残ってゆけるかどうかを左右するのは、その作品のオリジナリティである。

この場合の「オリジナリティ」とは「独創性」と言い換えることができる。ほかの作品にはない切り口やテーマ、演出方法などを指す。

では、「オリジナル」の確保とはどういうことなのだろうか。

ズバリ、オリジナル脚本、オリジナル楽曲といった**著作物の確保**だ。

テレビの強みは３６５日24時間コンテンツを生み出し続けていることである。そしてそれらの番組はすべて局によって「権利クリア」されている。

映像作品のような「創作物＝著作物」には必ず「著作権」という知的財産権が絡んでくる。著作権は著作物を創作した者（著作者）に与えられる、自分が創作した著作物を無断でコピーされたりインターネットで利用されたりしない権利である。

例えばドラマ作品の場合、著作権が派生するのは主に原作、脚本、音楽の３つだ。そして３つを権利クリアするために局は原作使用料（映像化権料）、脚本料、音楽使用料を支払うわけだが、この金額がばかにならない。

また原作者との交渉がうまくいかない、もめ事が起こったなどのトラブルが発生するとその作品は配信ができなくなってしまったりする。

実際に地上波で放送する段階で、マンガ原作者との交渉がうまくいかず契約ができなかったり、そのことで制作が滞ったりすることが頻繁に起こっている。マンガの場合は一度ビジュアル化されているものをさらに映像化するため、キャストや世界観において原作と映像作品の間に齟齬が生じることが多々あるからだ。

以上のような弊害を防ぐためのもっともよい方法は、「オリジナル脚本」のドラマを作るということである。

私は来るべき配信時代を見越して、2018年からオリジナル脚本によるドラマ制作を積極的におこなってきた。その数は20本にのぼる。そんな経験から、今後はさらにオリジナル作品を増やして配信の場をうまく利用してゆくということがテレビ局の活路となると提言したい。

戦国時代から江戸の太平の時代へと移り変わっていったように、テレビと配信は互いのよい点を認め合って共存することができるはずだ。

同じことが、「劇伴」と言われるドラマの音楽に関しても言える。番組用に独自に書き下ろしてもらった音楽を使用していくことが、個性も担保できる作品になる。

もちろん、オリジナルの脚本をゼロから作り出すことは大変な労力が必要である。元々あるものを活用するのではなく、自らアイデアをひねり出さなければならない。しかし、これにはテレビ局の生き残りがかかっている。何が何でもやり遂げなければならない。

他人の模倣や焼き直しではなく、自分がいままでにないまったく新しい映像作品を生み出してやるのだという気概をもって、クリエイターはいまの逆境に立ち向かわなければならない。

その気持ちこそが、テレビの腐敗を止める薬なのだ。

巻末特別鼎談

テレビ東京制作局長・伊藤隆行氏
「YOUは何しに日本へ？」村上徹夫氏

伊藤隆行（いとう・たかゆき）

1995年、テレビ東京入社。編成局を経て制作局にて『モヤモヤさまぁ～ず2』『緊急SOS！ 池の水ぜんぶ抜く大作戦』『やりすぎ都市伝説』など、数多くのバラエティ番組を手がける。2023年より制作局長を務める。著書に『伊藤Pのモヤモヤ仕事術』（集英社新書）がある。

村上徹夫

2006年、テレビ東京に中途入社。プロデューサーとして『YOU は何しに日本へ？』『ソロモン流』『南米大陸3000㎞ 爆走！ポンコツラーメン屋台』など数々のドキュメントバラエティやドキュメンタリーを企画、制作。2023年6月、テレビ東京を退社し、株式会社東京ビリビリ団を立ち上げ、代表取締役に就任。

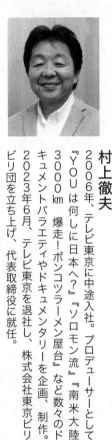

最近、テレ東を辞める人が増えている?

田淵　今日は私がホストということで、お二人にざっくばらんに話していただこうと思っています が、この3人の組み合わせって面白いですよね。同じ局出身で、私が辞めて違う業界へ、村上さんが辞めて同じ業界、伊藤さんが辞めずに局長という三者三様。

伊藤　なんか、僕が辞める機会を逸した人間みたいになってませんか?

村上　(笑)そんなことない!

田淵　最近、いろんなところで「テレ東さん、結構、人が辞めてますよね」って言われていて。ほかの局に比べると、辞めている人が多いイメージがあるみたいです。

伊藤　でも実際の人数としては、他局さんに比べて一番辞めてないと思います。

田淵　スター選手が辞めたから、そういった印象が強いということですか?

伊藤　それはあると思います。佐久間(宣行)とか。元々制作は人数が100人くらいだし、この3〜4年で辞めた人は6人くらいしかいないんじゃないかな。でも、辞めた人間のなかにはPIVOTやAbemaTVに行った人間もいるし。そういうところは「競合」ではあるけど「協業」相手にもなり得るので。

これからのテレビ局は、局自体が単独で「オウンドメディア」としてやっていくというより、配信サービス会社などとお互い出資をし合って何かを作ったりしていく方向に向かっていくと思っています。だから後輩たちには、「いい辞め方をしろよ」と言ってます。例えば、佐久間はいま自分が局の社員時代に作った『ゴッドタン』という番組の笑いの魂を活かしたような企画をＮｅｔｆｌｉｘといった配信サービス会社で作っていて、やりたい放題です（笑）。

田淵　（笑）本当ですよね。

伊藤　佐久間は今度、テレ東で伊集院光さんと一緒に『勝手にテレ東批評』というプロモーション番組をやるんですが、テレビ東京を辞めてもいつでも古巣と一緒に仕事ができる距離感でいる。そういう場合は、辞めてよかったんじゃないかと思います。

田淵　村上さんの場合は、いま伊藤さんが言ったみたいな感じで辞めたんですか？

村上　ぶっちゃけると、管理職を5～6年やっている間に会社も少しずつ空気が変わってきた感じがしていて。そのなかにコロナ禍もあって。
僕のなかでのテレ東のイメージは、「許容する自由」のある会社。どんなにトップが「こっちに行こう」と言っても、取締役、局長、管理職に決定権の余地が残っていたからディレクターも暴れるし、Ｐも暴れられた。それが最近はなんとなく「こうやりなさい、これダメです」というトップダウンが強い会社になってきている感じが僕はしていて。

田淵　僕自身はそういったのに順応できない、いわゆる「サラリーマン偏差値」が低い人間だと昔から思っていたし、この会社で管理職として続けるのはもう限界かなと。それでテレ東を辞めて制作会社をやろうと思ったわけです。

村上　だけど、村上さんは元々制作会社にいたわけじゃないですか。それで「局の社員になりたい」と思ってテレビ東京に入ったわけですよね。入ってみたら、想像と違ったってことですか?

田淵　局の社員になったのは、社外の人間の立場から見て「どんなにうまく番組を作っても決定権は局の社員にあるから、それなら最終決定をする立場に行ってみたい」と思ったからで、自分が局の社員として部長になるみたいなことは考えてなかったんですよね。

村上　じゃあ、自分がクリエイターとしてずっとやっていけるイメージだったのが、「管理職やりなさい」と言われたことが想定外だったということですか?

田淵　まぁ、それはいい想定外で。たまたま番組が一本当たって、ご褒美で「一応、部長に上げとくか」という感じで上げてもらったと思っているので。

伊藤　『ＹＯＵは何しに日本へ？』のことですね。

村上　そうそう。当時の局長が「当てたやつが偉くならないのは夢がないから、向いているかわからないけどとりあえず村上を部長にするか」って。

田淵　そもそも、村上さんはなんでテレ東だったんですか？

村上　たまたま中途採用をしていたからですよ。いまはどこの局も毎年中途採用をする感じですけど、そのころって常時やっている感じではなかったので。それと、どっちかというと僕はドキュメンタリーが好きだったので、報道向きかと思われていましたが、制作局に入りました。

田淵　『ＹＯＵは〜』だって、ドキュメンタリーですよね。

村上　そうです。『日曜ビッグ（バラエティ）』の家族を扱うドキュメンタリーなんかは似非ドキュメンタリーだと最初は思っていたんだけど、入って作ってみたら、〝超〟奥が深くてすごかった。市井の人たちの暮らしをいかに寄り添って作っていくかっていう感じがすごく面白くて。それが結果的には『ＹＯＵは〜』にもつながっていったんです。

〝神がかった〟番組が生まれる空気

田淵　テレビ東京って、企画会議で変なこと言ったら「じゃあ、やってみたらいいじゃない」っていうところがあるじゃないですか。「あいつにやらせてみたらどう?」っていう思いつきみたいなところが。

伊藤　特に、昔はそういう空気が強かったですね。田淵さんは僕の先輩ですけど、テレビ東京がはぐくんだ風雲児というか、めちゃくちゃな人ですから。

村上　そうですよね。

田淵　いやいや、私くらいちゃんとした人いなかったです（笑）。

伊藤　僕が入社したころは、田淵さんは業界でも有名な海外に行くドキュメンタリストのトップで、アフリカやアジアの奥地の部族に会いに行ったりとか、ヒマラヤとかに行ったりしていたのに、急にドラマを作ることになって大物の俳優の方にお手紙を書いて出演してもらうみたい

な。こういうことをさせてくれる当時のテレ東というのは、やっぱりアイデアとか人にはないものをやる人間をしっかり立ててきている会社なんだなと思っていました。

だから結果的に、ほかの局になかなかないもの、「卓越した番組」がパッと出る。作家さんにしてもフリーの演出家にしても制作会社にしても、アイデアを持ち寄ってみんなでワーワー言って、それが面白かったら「やってみたら？」とチャンスもあるし、スピード感を持って番組を作れる。村上さんも、『YOUは～』はすぐにゴールデンになりましたよね？

村上 そうですね。昼に一回やってよかったと言われて、夜に一回やってみようとなったときは深夜のレギュラーが決まって、深夜のレギュラーがスタートするときには次のクールのゴールデンまで決まって、めっちゃ早かった。

田淵 昔は決定が早かったですよね。人が少ないのもあるしお互いが何をやっているのかを知っているのもあって、すぐ話ができるというのはありましたよね。

伊藤 いまもそういう会社だとは思います。僕なんかも『モヤさま（モヤモヤさまぁ～ず2）』をやったり『やりすぎコージー』をやったりしていますが、前例のないことをやろうとすると「何アイツやっているんだ」ってなりますけど（笑）、推してくれる人もいるしチャンスももらえる。

村上　やっぱりテレ東は「非常にチャンスが多い会社」というのは、30歳を過ぎたくらいからすごく感じてるんです。

田淵　あと、ぜひこれは言いたいんですけど、テレビ東京に入ったときに上司に田中智子さんと櫻井卓也さんというプロデューサーがいて、「あ、これでいいのが、テレ東なんだ」っていうのがすごく僕のなかではあって。

伊藤　櫻井さんを見て「それで成り立っているんだ」という安心感。櫻井さんの存在意義って、そこでしょ（笑）。

村上　あんなダメな人がね（笑）。

田淵　「これでいいんだ」っていうのも、僕のなかですごく救いになったんです。

伊藤　でも、櫻井さんのその役目って結構大きいですよ。

そう。櫻井さんは毎日飲んで、飲むとおかしなことをいっぱいやる。仕事している感じだけど、冷静に見ると全然仕事していないという（笑）。

村上　でも、彼はモノ作りにおいては「ビシッ、ビシッ、こうやれ」というよりも制作会社の人と一緒に作っている感じがして。ビシビシ決めていないようで、あの人の感覚に関してはかなり正解があって。それを多分、制作会社の人たちもちゃんと尊重して耳澄ましているという特殊な感じがある。

田淵 櫻井さんは私がテレ東に入って1年目のときに、先輩のADだったんです。で、櫻井さんって『いい旅・夢気分』っていう旅番組でよくいろんなことをしでかすんですよ。テープ忘れたり、タクシーのなかに仮払いのお金を忘れたり。桜木健一さんが出演者で旅にいらしていたときに、リンゴをバーって浮かせたリンゴ風呂に「どうぞ」ってやったら、桜木さんが「きみは私がリンゴアレルギーなのを知っててこんなことをやってるのか!」と怒っちゃったとか。大場久美子さんが旅人のときは、晩飯のときに「僕、大ファンでした」って大場さん本人を前に飲み過ぎて泥酔してトイレで寝ちゃって、みんなが捜し回っているのにずっとトイレで寝てたみたいな。

村上 ダメな人なんですよ。

田淵 だけど、櫻井さんが行くと取材拒否の店もOKになるんです。そのお店に事前にお客さんとして行って酒飲んだりして仲よくなって、お店に「取材させてやるよ」って言わせる。「取材OK」を勝ち取ってくるんです。不思議な感じなんです。当時は、なんとなくテレ東全体にもそんな感じがあったでしょ?

伊藤 僕は櫻井さんや(田中)智子さんからの脈々とした感覚とか感性、これがテレ東の

田淵　もうひとつの正体だと思っていて。素人さんを取り上げたドキュメント番組の「肝っ玉母ちゃん」とか「海を越えた花嫁」といったヒューマンドキュメントバラエティともいえる一連の企画は、あの二人が体現してると思うんですよ。

伊藤　そういう意味では、大先輩のプロデューサー、犬飼佳春さんもぶっ飛んだ人でしたよね。会議中に、急に「面白くないから」って言って帰っちゃうとか。

田淵　せっかく作った番組のオフラインテープを「本当に面白いの？　これ」って言って、見てもくれない。

村上　だけど、ポロッと言うことが結構怖かったりする。

田淵　犬飼さんほど、ゴールデンの番組やっていたプロデューサーは他局にもいないでしょ。あんなに多くの数を当てた人。

伊藤　嗅覚がすごいんですよね。

田淵　太川陽介さんと蛭子能収さんのキャスティングとかも、『バス旅（ローカル路線バス乗り継ぎの旅）』で「この二人じゃないとダメ」って当時言える感覚ってすごい。普通は誰も取りに行かないですよ、その二人。でも本人には、二人がワーワー言っているトークのシーンが見えているらしいんですよ。

田淵　そんなバラエティの人だった犬飼さんがある日、急にドキュメンタリーやるって言い出して、「何やるんですか？」って聞いたら「タクシーどうかな」とか言って。「大丈夫かな、犬飼さん」とか思っていたら、それがまた当たって。

伊藤 ロンドンまでタクシーで行くやつですよね。

村上 本人は、「僕はおばちゃんだから」だって言っていました。

伊藤 おばちゃんね、感覚が（笑）。

「珍獣」が許容されなくなってきた

村上 元々テレビ東京って、いろんな「珍獣」たちを飼いならして番組を作っていくめちゃめちゃダイバーシティな会社だったと思うんですよ。

伊藤 珍獣（笑）。

村上 だけど昨今「ダイバーシティ」という言葉が出始めて、ダイバーシティを口に出せば出すほど現実はダイバーシティじゃなくなってきている。珍獣が許容されなくなった感じがしていて。

田淵 そうですよね、いまは邪魔者というか、本当に「ただの珍獣」になっちゃっているというか。

村上　トラブルの芽というふうな見方になりがちで。昔は佐久間も含めこの珍獣どもを抱える度量がうちの会社にあってそれがテレビ東京だったんじゃないのっていう気がするけど、いまは、ね。

田淵　だから、あまり度量的に会社が許してくれなくなってきて、本人たちが「いづらい、この先どうなるのかな、自分のサラリーマン人生って」って思って岐路に立つわけです。

伊藤　そうですね。僕は特に若い人には「いま、テレビ東京にいてもきみのやりたいことが広がっていないなら辞めろ」って積極的に言っています。

田淵　若い人は「え?　この局長どういう意味で言っているんだろう」と思うでしょうね。

伊藤　テレビ局は「コンテンツメーカーです」って割り切ったほうがいいと思うんです。コンテンツメーカーなら、ここで育ったクリエイターたちがほかでも「協業」できるようになる。会社ももっと前から制度を整えていくべきだったんです。10年くらい前から例えば日テレさんは社員でありながら会社を作れたり、社内で新規事業を作ったりする動きがありましたから。
でも、そもそもテレビ局は他業種に比べてそういう改革が異常に遅れている業界で、そのなかでも特にテレビ東京はそういった流れがものすごく遅れていると感じています。もしそういうことができる会社で、珍獣たちがほかのセクション、外部のパートナーと組んで放送コンテンツ以外にも面白いことを作れていれば、もしかしたら彼らは辞めないで済んだかもしれません。なので、若い人たちに「辞めてもいいよ」と言うのは、まだテレビ東京がそこまで制度が追いついてないからなんです。ただ本人たちに言わせると、せっかく入ったテレビ東京のなかでいろんなチャンスを得たいと。「テレビ東京が好きで一局しか受けていません」みたいな人もいるんです。

田淵 若い人や学生に聞くと、テレビ東京のイメージがいいのに驚きます。

伊藤 「民放で一番入りたい会社」になっていましたからね。

田淵 だから大学で学生にテレビ東京が貧乏だったときの話とか昔の話をすると、「信じられない」って言うんですよ。

テレビは死んでしまうのか?

田淵 思い返すと、昔のテレビ東京には「金はどうでもいいよ」みたいなところがありましたよね。「金じゃねえんだよ」「いいんですか?」みたいな。だけどいまはテレビ

伊藤　東京はもちろん、どこも金儲けっていうふうになってきていませんか? ともすると、業界全体がそうなっているかもしれませんね。なぜなら、稼がなきゃいけないからです。地上波の広告費がこれだけ下がってくると、「金なんかどうでもいい」っていう言葉はどの局も言えないのが実情です。ただ、テレビ東京は「どこで稼ぐか」をもう少し考えていったほうがいいと思います。アニメで稼ぐのか、配信で稼ぐのか、ドラマで稼ぐのか、はたまた新規事業で稼ぐのか。

田淵　つまり、「稼ぐところ」と「そうじゃないところ」をわけるってことですね?

伊藤　そうです。テレビ局はタイムテーブル全体で収益を上げてきました。ドラマは制作費が高いので赤字になるケースはあります。経営上は赤字を出していいわけはないけれど、「赤字を出してでも金なんかどうでもいいから、この局の可能性を引き出し、強いメッセージを放つためには、これをやるべきだ」って言わないといけないと思うんです。でも、現実はそうではなくなってきて。僕なんかの世代は、ここから考えなきゃいけなくなっているなと感じています。

田淵　伊藤さんがおっしゃるように、現実はそうではなくなっている理由のひとつには「金儲けじゃなくて、放送文化のためにやりましょうよ」みたいなことをちゃんと言ってこなかったっていうのもありますか?

伊藤　それは、局のリーダーがやることなんですよ。テレビ東京の歩みと歴史を考えたときに「こんな安くできるの、じゃあいいね」というのがある一方で、「これは高いけど、頑張って売ろうぜ」というのもあったわけです。だけど、テレビ東京の存在意義、経営理念だったりするところを、社員とかがしっかりと認識できないままここまで来てしまったから、いまのような「金儲け主義」に傾いてしまっているのだと思います。

田淵　確かに。つまり、こういうことですね。新規事業や協業できるような制度化をしてくればよかったんだけど、当時は目の前の番組を作るだけで必死だった。必死に作る一方で、「こいつらがやっていることをテレビ東京の制度として、財産としてやったらどうか」と考える人がいたらよかったのかもしれないけど、そのときはそういう必要がないと誰もが思っていた。

伊藤　それと、（テレビを）見る側の環境が大きく変わったのもデカいと思いますね。僕らの現役のときは、家にテレビが1台で共視聴というか家族で見ていたのが、子どもが大きくなって子ども部屋にもう1台というように1世帯に2台、多くて3台になり、いまや1人1台モニターを持っている時代になって、ネットや動画も見られる。

そういう状況で視聴率や権利の取り合いになるのを、誰が予測できたかってことですよね。多分、テレビ東京の当時の経営陣たちも、ここまでのスピードでここまでのことになるとは誰も思わなかった。プラットフォームとか、エンタメの出口や入口がいろいろなところにあって、スマホひとつで全部入ってくる。もはやテレビ一強ではない状況で、どうやったらいいんだろうかと。だから、それをちゃんと受け止めて一気に変えようぜっていうのが、いまの僕の考え方なんです。

田淵　ズバリ聞きますが、テレビ、地上波というものは今後どんどん衰退していくんでしょうか?

村上　ぶっちゃけ、死ぬと思いますよ。なぜ死ぬかというと、テレビ局が元々持っている資本が巨大資本の配信会社より少ないからで

す。正直言って、テレビって昔は報道もエンタメも、「世のなかのためにやる」っていう役割がめちゃめちゃデカかったわけですよ。

田淵 「放送文化」という意識ですね。

村上 はい。マスメディアの使命として、報道でもいわゆる「突いたら大事になる」ことだってあえて言って。でも、最近はその役割を「放棄した」っていう感じがあって。だから、見る側もテレビを家に置いておく意味がなくなっているんです。

田淵 メディアとして、役割をまっとうしていないということですか？

村上 テレビ東京だけじゃなくて経済や報道系の情報番組、例えば『ザ・スクープ』とか『ニュースステーション』とかでも、政治家に対してもちゃんとノーはノーって言っていた時代があるし企業に対してだってノーとやっていたけど、いまはそういう感じはなくなっていますよね。

田淵 それはテレビが「いくじなし」なのか、それともテレビの言うことを誰も聞かないということなのか、どっちでしょう？

村上 それはわからないです。でも、2000年代ぐらいにいわゆるハイビジョン化するってところで、全部システム変えなきゃいけないから資金が必要になってどの局も上場したじゃないですか。それでテレビ局は稼がなきゃいけない企業になっていったところに配信サービス会社が台頭してきて。そういう時代の流れというのは、現状に少なからず影響していると思います。

田淵 じゃあテレビが滅びると思いながら、何で村上さんはいま、テレビ局相手に働いているんですか？　テレビの好きなところはあるわけでしょ。

村上 そうですよ。だからいま、すごく悩んでいます。独立して食っていかなきゃいけないし、スタッフを食わせていかなきゃいけないじゃないですか。そのためには自分たちの会社で作る番組の枠を取らなきゃいけないし、企画を通さなくてはならない。でも自分が面白いと思うものしか、面白く作れないわけだし。

田淵 そうですよね。村上さん、そんなまじめだったんだ、知らなかった。

伊藤 酔っぱらって2軒目行くと、もっとこれが激熱になって（笑）。

テレビ文化が生き残るために、すべきこと

田淵 いまの若者たちってテレビ見ていないわけですよ。そういう世代が、テレビを今後支えていってくれるんだろうかという心配はないですか？

伊藤 僕は「支えていってくれる」と思っています。

田淵　それは、どうして？

伊藤　さっきの「テレビは滅んでいるのか」っていうことで言うと、いみじくも田淵さんが言った「放送文化」。これ、ここにしか答えはないと思うんです。この企画を伝えることの「意義」みたいな。それはドラマにもあるし、お笑い番組だって超絶くだらないことを伝えるという意義がある。

村上　そうですすよ！

伊藤　テレビ東京は「コンテンツメーカー」として「この企画はこう考えているんだよ」と、それぞれのコンテンツの意義を見つめ直すことが重要です。
最近は『シナぷしゅ』みたいな乳幼児向けの番組があって、乳幼児と乳幼児を育てているお母さんたちに向けた2~3年限定のコンテンツですけど、ああいう極地性にも挑んでみたり。「いま、こういうものがいい」「こういうものが見たい」「これがびっくりする」というのは、時代によって変わっていくと思うので、ここをしっかり見極めてコンテンツごとに出しどころを考えていくことをやっていかないとテレビは最終的に滅びるだろうなというのが、僕の基本的な考え方です。

村上　僕もそこは一緒です。

伊藤　さらに「マネタイズ」ということで言うと、そこはいろいろな相手と組んで稼いでいく時代になっていかなければいけない。

じつは昨日、高校生と小学校6年生のうちの子どもにテレビとYouTubeやTikTokは何が違うかと聞いたら、「全然違う」って言うんです。テレビが面白くないとかじゃなくて、テレビはみんなで見るもの。家にいてパッとつけたらやっているもの。YouTubeやTikTokは「私だけが見るやつ」で共視聴するものではないわけですよね。でも、「これは私しか見ないけど、人に教えたくなるやつ」なんだそうです。で、「上とか下はないけど、どっちかというとテレビのほうが上かな」と。

田淵　テレビには「信頼度がある」ということですか？

伊藤　信頼度と言うと堅苦しいけど、親が子どもに見せたいとか、これは子どもがぜひ見たいとか、学校であれ面白いよねと言いたいとか。これって元々テレビが持っていた機能だと思うんですけど、そこにフォーカスを当てていかないといけないんじゃないかと。

田淵　だからこそ、テレビが信頼度を失っていくとヤバいってことですよね？　いまはまだかろうじて、例えば「ネットのニュースとテレビのニュースどっちが信用できますか？」って聞いたら、ほとんどの人が「テレビだ」って言うと思うんですよ。でも、これが逆転するときがあったとしたら、もうヤバいってことですよね。

伊藤 そうですね。でも実際、若い人たちの感覚はすでに逆転していると思います。僕としては、信頼度はネットニュースに求めていないと信じてますけど。

田淵 つまり、ネットニュースは面白ければいいということ？　そういう意味では、「テレビはまだまだ滅びない」と思っているということですか？　伊藤さんの立場的には「滅びる」とは言えないと思いますけど（笑）。

伊藤 「滅んだらヤバいな」と思います。5局ではなく2局や3局になるかもしれませんけれど。ただ、テレビ文化は滅びないと思います。滅びさせてはいけないと思いますし、滅んだら日本人どんどんバカになります。「バカ化」していきます。

田淵 ぶっちゃけ聞きますが、テレビをなくさないためにどうすればいいと思いますか？

伊藤 すごいぶっちゃけましたね。僕が経営者だったらポンと答えないといけないですね。

田淵 それって、実は創り手側だけの問題じゃないという気がしてるんです。見る人たちのリテラシーっていうのもあるじゃないですか。創り手が作るものがくだらないからテレビ文化が滅びるというのは、私はあまりにも短絡的な考え方だと思っていて。もちろんそれもあり得るけど、見る側のことも考えなくてはいけないと思っているんです。自分たちの作品も変えるけど、視聴者を変える、育てる、という視点。

伊藤　いま家にテレビがないなかで、そこに入り込んでいくしかないということですね。

田淵　テレビを見なくなったとは言っても、見ているコンテンツはテレビのコンテンツなんです。

伊藤　「テレビ由来」ですよね。だからマネタイズが必要なんですよ。要は地上派を見ないわけですから、CMを見ないってことですよね。でも配信コンテンツはファン、同人会みたいなものができやすいので、イベント化しやすいわけです。だからコンテンツの作り方を地上波だけやっていればいいっていうのじゃなくて、展開がどんどんできるコンテンツにしていかないといけない。

田淵　さっきも「協業」という話をしてましたけど、協業することのメリットに「他人のステージで宣伝しちゃおう」みたいなこともありますよね?

伊藤　それもあると思います。これは体のよい言葉で「IP」という言い方をしていますけど、Intellectual Property、つまり「知的財産」をどうやって育成していくか。テレビの視聴率ではなく、視聴環境や視聴のされ方が変わってきているいま、いかにテレビ局がコンテンツビジネスとして対応していくかが全テレビ局で問われていきます。海外と組むのもひとつのやり方だと思いますし。

田淵　『YOUは～』や『家、ついて行ってイイですか?』とか『ゴッドタン』みたいな

伊藤　番組があることで、熱狂的なテレ東ファンがいるんですよね。それってすごくありがたいことで、そういうのがテレ東の他局とは違う強みなんじゃないでしょうか。

田淵　ただ、ブランド化していくとき、慎重さは必要ですね。自分たちが調子に乗っているとよくないので。元々テレ東って、他局さんが重大事件とか放送している裏でニコラス・ケイジの映画をずっと流していて、ブレねえなみたいな（笑）。

伊藤　そうそう。単に人が少ないから、現場に行かせられないだけなのに、学生に話すと「えー、戦略でやっていると思っていました」って驚くんですよ。

人が間に合ってないだけなのに（笑）。

失敗を許容しない社会は滅びる

田淵　テレ東って、みんながよいほうに捉えてくれていることって多くないですか？

伊藤　多いですね。好意的に見てくれている。

田淵　どうしてだと思いますか？

村上　僕のイメージで言うなら、ダメな局だから（笑）。だから許しちゃおうっていう。もちろん、いい意味でですよ。

伊藤　ちょっとほっとけないというか。そうそう僕、2014年にテレ東50周年の特番作ったときに、めちゃめちゃ怒られたんですよ。

田淵　どうして怒られたんですか？

伊藤　『モヤモヤ映像大放出』って番組で、上の人にチェックされたくなくてギリギリの納品で（新聞の）ラテ欄に「テレ東アホだな」って書いたんです。それは番組内で（ビート）たけしさんが愛をこめて言ってくれた言葉なんですけど。過去のテレビ東京のアーカイブのなかから、ほぼ放送事故のやつばっかり集めて放送したんです。

村上　面白恥部をね。

伊藤　わざと放送当日の納品にしたりして。でも、放送直後に当時の編成局長が「お前ナメてんのか！」って。「この局の歴史を知らないで、こんなこと平気で言える立場じゃない」って、本

当にガチの怒りで。苦しい歩みをしてきたテレ東の過去の歴史たちを笑っていいものじゃないって。

結果的には視聴率もよかったし、テレ東のOBの方からは「きみが作ったものを見てスッキリした」と言ってもらったり。「俺らが現役のときは、新橋のガード下でトリスを飲んだ。『いつかだるまを飲もうぜ。俺たちはトリスで我慢だ。だるまを飲めるのは日テレだ』と言っていた」と。そういう時代を思い出したそうなんです。やっぱり、テレ東は全力でやってきて失敗している局なんですよね。

田淵 失敗しなくなるとダメってこと？

伊藤 そうです。愛されなくなるってこと。僕なんかが言うのもなんですけど。上から下まで全員アホだったんだと思います。「いいからやってみろ」っていう背景には、懐が深いというかアホな部分もあって。それがテレ東の正体で。視聴者が「テレ東またやってるよ」みたいにイジって遊ばれてきたんだと思うんです。だからこそ今後も、「テレ東っておかしなことやるよね」「急にこんなことやるよね」っていうのは大事にしなきゃいけないと思ってます。

田淵 それは、その辺を目指したいということ？

伊藤 はい。これから失敗できる会社に戻そうと。実際、僕の座右の銘は「細く、狭く、貫く」と「失敗できる会社を作る」。いまはほかの業界でもそうですけど、新規事業はなかなか立ち上がらないですよね。そのためには失敗を許容しないといけないので。でも失敗を許容しない会社は多分滅びると思うので、うちの経営陣にもぜひ失敗を許容してほしいと願います。

逆転の発想でテレビの魅力を活かす

田淵　テレビ局はこれからどういうふうになるのかっていうと、どんどん配信みたいなもの、ほかのそういうプラットフォームとかとの協業が増えてゆくのは確実だと思っています。ひとつの局の局長として、どの辺を目指しているんですか?

伊藤　すごい質問だな。

田淵　気軽に答えてくださいね（笑）。

伊藤　いや、気軽な質問じゃないですよ。ただ「リアルタイムで見てください」ってことなんて、言わなくていいと思っています。

エンターテインメントもドキュメンタリーもそうですけど、視聴者のみなさんは、リアルタイムで見られなかったものはほかのプラットフォーム、TVerだったら

ＴＶｅｒを利用してしっかり見たいなと自分が思うタイミングで見ているわけです。ですから、そこはしっかり広告をつけるみたいなことがひとつの戦略としては今後あるかなと。とはいえテレビの一番の魅力って、「受動だ」ってことなんですよね。たまたま見たら、間違えて見たら、そのまま見ちゃったみたいな。

田淵 見るつもりはなかったけれど、見たら面白かったと。

伊藤 これＣＭ効果とかでも全部そうなんですけど、この最強の受動メディアを活かさない手はないです。要は、予期していないときに見て何か得るものがある。それって「気づき」ですよね。

このゴールデンタイムの時間にどういうものをやっていると気づきになるのか、どういうものを面白がってくれるのかという路線とか目立ち方とか。こんなのやっているよっていうのを視聴者の生活サイクルに合わせて出していくっていうのが、テレビの元々持っている魅力で、そこにはぶっ飛んでいる感じとか失敗が必要だと思います。似たような番組、同じ週に2〜3回『警察24時』を放送するみたいなことをテレビはやめて、これは面白いなっていうのを作る。

田淵 やっぱり、人と違うものをやるってことですね。

伊藤 そうですね。これはテレビ東京のずっと「生きざま」みたいなものじゃないですか。

人と違うものをやらないと二度見もされないし、面白いなとも思われない。若い人から我々世代のおじさんまで、みんな一緒だと思うんですよね。

田淵　コンプライアンスみたいなことを言うと、地上波は厳しいところがあるじゃないですか。そうすると、新しさはどう出せばいいんでしょうか?

伊藤　コンプライアンスが厳しいから新しいものが出ないとは、僕はまったく思わないですね。要はコンプライアンスがあるから、おかしなことを考えるわけですよ。昔なんか、水泳大会だって言ってエロい番組作るわけじゃないですか。

田淵　逆転の発想ですね。

伊藤　コンプラがあるから挑まないでいると、企画する能力は衰えちゃうと思うので。

田淵　それは言い訳ですよね。

伊藤　そうですね。僕は「テレビがもっとこういうのをやっていればいいのに」って思うことはいっぱいあって。学びがあるものだったり、知らないことを知らせてくれるとか、ファッションの番組とか、バリエーションが増えるべきなんです。いま地上波で一本もファッションの番組がないんですが、昔、『ファッション通信』って番組がありましたよね。数字が獲れないからやめたんですが、これがいまのテレビ東京の悪いところです。ファッションの番組を突き詰めれば、そこにファンはつくわけです。

なぜテレビ局がファッションの番組を作らないかというと、「各ブランドがオウンドメディアでチャンネル持って作っているから」と言い訳をしてしまいがちで。それは、テレビがやるファッションの番組はどうあるかっていうのを考えるのをやめてしまっているんです。思考停止状態なわけです。

田淵 またお金の話になるかもしれませんが、それを使って金儲けっていうのはあるかもしれないですよね。

伊藤 そうです。そこにはインフルエンサーがいるわけだから、テレビが作るやり方でファッションを伝える。そういう考え方を広げていくと、テレビ東京が置くゴールデンゾーンはいままで通りの夜7時から10時台まででいいのか、ということにもゆきつくわけです。

田淵 ひとりで番組を楽しみたい人もいるなかで、もしかしたら「テレビ東京は、深夜がゴールデンタイムです」ってこともあり得ますよね。

伊藤 可能性はあると思います。テレビ局にとって、もう「夜7時に何を置いて」っていう発想は古いんだと思います。ドラマなんかも、NHKさんみたいに時代劇をやってもいいと思うんです。ただ、『姿三四郎』と言ったときどういうふうに若い人に見られるように作るかって発想が大事だと。

村上　それには企業が戦略として「こっちこっち」って決めすぎてやっていくより、個性的な人間を許容して、その人の爆発力でやるのが理想ですよね。

田淵　昔で言うと、先の話にも出ていた珍獣みたいなのが。伊藤さんも、そういうところをやっていきたいわけでしょ?

伊藤　そうですね。適材を伸ばす、ですかね。人数の問題じゃなくて、振り幅がデカいほうがいい。

田淵　一つひとつの番組を批評しているようなことじゃないような気がしますよね。

伊藤　元々番組って、「こうでしょ」って言われても「こっちのほうが面白くないです

か?」って言って作っていくじゃないですか。局にいる人はそういうことがどんどん許容できたり、「これ面白いですね」ってそっちに乗っかることができたり。面白さに対して貪欲に走れる人が必要です。いろんな能力が集まって面白い番組を作っていくべきだと思うのですが、いまのテレ東だとそれが難しいんです。

テレビは滅んでも、テレ東の遺伝子は残る

田淵 伊藤さんは、制作局の番組って全部見て、意見言ったりしているんですか?

伊藤 バーッと1週間分の番組を見て、感想をメモに記録して、何かあれば放送前に言うようにしています。

田淵 そうなんですよね。以前、放送前に「よかった」とか「あそこはこうだった」と言ってくれる上司がいて、私があるとき「必ず、放送前に言ってくれますよね」って言ったら、「放送が終わって視聴率がわかってから言うんだったら誰でも言えるから、意味ない」って、その人が答えて。

伊藤 それだと結果論になってしまいますよね。

田淵　結果見て言うんだったら、ナンボでも言えるじゃないですか。放送前に言うのが大切ですよね。

伊藤　僕の場合、特に言うことがない番組については言わないです。そして見るときは完全に視聴者の目線で見ています。スタッフが「これが正解だ」と思っていても、そうじゃないときもあるじゃないですか。「いやいや、飽きたし」とか「同じことずっとやっているな」とか。この間の『日曜ビッグ～』のスズメバチの駆除も「危険生物バスターズ」ってタイトルに書いてあって、最初はイノシシが出てくるんですけどイノシシについては20分くらいであと2時間ずっとスズメバチですよ。「スズメバチって書けよ」と思って。なんか、ごまかしも見えてきたりするし。

田淵　その視点は大事ですよね。

伊藤　例えばご都合主義に陥っているとか、愛が狭いとか。あとはずっとキッチンでキッチングッズばっかり扱っているとか。その番組に関しては「60代以上の主婦をターゲットにしてきたんで」って言うんだけれど、少し目線を変えたら、自炊をしない若い男性でも見られるような番組もできるはずなんですよ。たとえその時点で数字(視聴率)を獲っていたとしても、僕はそういう凝り固まっちゃうところをあえて指摘するようにしています。

田淵 伊藤さんの話を聞いていると、必ず「発想の転換」についての話をしていますよね。「こう見たらどうなの？」「こう見たら面白いんじゃないの？」って発想の転換を言ってくれると、ディレクターも「あっ」と思いますね。

伊藤 自分自身もなるべく発想の転換をするようにしているんです。

田淵 「自分たちが正しいと思っているのが本当に正しいんだろうか」であるとか、「自分たちが向かっている方向がいいんだろうか」とか。そういう逆の問いでもありますよね。

伊藤 そうですね。僕はどっちかというと逆というよりは、元々あるものを失ってきちゃっただけで、テレビ本来の形やテレビ東京本来の失敗ができる状態に戻したいというのがあります。多分、これは裏番組との戦いとか視聴者の取り合いで商業主義になった結果、タイムテーブルが全局通して面白くなくなった。

田淵 あとテレビはナマ感というか失敗したりするのが面白かったのに、失敗しないようにに失敗しないようにと思って番組を作るようになってきたから、やっぱりつまらないものになってしまっている。

村上 番組企画に関しても、より合理性を取ってスペシャリストじゃない人たちが決めるようになった感じはします。

田淵　そうそう、企画を選ぶときにスタッフ全員で回して面白いものに「正」の字で入れていくじゃないですか。私はあの方法が大嫌いで、あれをやり始めるとダメですよね。

伊藤　いつから多数決制になったのかな?

田淵　多数決じゃなくて、「絶対にこれ面白いから」って言う奴がひとりいて、そいつが「責任持つからやらせてよ」ってその熱量が勝っちゃったら「じゃあやってみろ」って（企画を）通していいんじゃないかなって思っています。

伊藤　「これ絶対面白いから」って言う人がいればね。

田淵　『YOUは〜』だって、櫻井さんが企画書を最初見たときに「どんだけつまらない番組なんだ」と思ったって言ってて。それって裏返しで、何か気になる引っかかるものがあるからで、それは「化けるかもしれない」ってことなんですよね。

伊藤　そうなんです。大体、不安がられたり怒られたりする企画が当たるんですよね。スズメバチ、駆除の達人も最初は当時の制作局長に「こんなの当たらねぇよ。当たらなかったら土下座しろよ、この野郎」みたいに言われて。企画は選び方も含めて見直したほうがいいかもしれないです。

田淵　その辺は本当に期待していますので、お二人にはよろしくお願いいたします。ありがとうございました。

伊藤 すいません、いいんですか？　こんなんで。これから本題かと思った。

田淵 （笑）いえいえ、充分です。二人が今日おっしゃっていたことって、これからのテレ東およびテレビ業界への愛情がたっぷりでした。「テレビが好きでしょうがない」って感じでした。

あとがき

本書は敬愛する俳優、仲代達矢氏の言葉から始まった。

仲代氏とはいまから25年前の1998年に、テレビ東京開局35周年記念企画『仲代達矢・海を渡りて ネシアの旅人〜もうひとつの海のシルクロード』というドキュメンタリー番組で太古の縄文人の足跡をたどって1年以上、一緒に旅をした。

仲代氏に教育現場への転職の報告をしたときのことだった。無名塾で若者たちへの演技指導をおこなってきた仲代氏は、私の選択にいたく賛同してくれた。と同時に、「いまのテレビは腐敗しているから、教育の力で若い世代から変えていってください」という言葉を贈ってくれた。

テレビが腐敗している？

「テレビはヤバい」「オワコンだ」とは言われてきたが、正直「腐敗している」とまでは思っていなかった。しかし、大学教員という立場になって違った視点でさまざまな事象を見直してみると、これまで「内部にいた私」には気づかなかったテレビの矛盾やおかしなところが次々と浮き彫りになってきたのである。

この本は、7か月前の私には書けなかった。テレビ業界の内部にいる自分の立場的にというより、近すぎてわからなかったり見えないことばかりだったからである。

みなさんは本書を読んで、テレビの「実像」をどう感じただろうか。

もしかしたら、テレビは「ダメダメ人間」さながらだと思ったかもしれない。しかし、そのダメダメ人間の「ダメな部分」が明確に分析できていれば、そのダメな「デメリット」を「メリット」に転換できるとすれば、ダメダメ人間は「素晴らしい人間」に生まれ変わることができるのではないだろうか。

私たちの社会も同じである。

ダメな部分は真摯にダメだと認め、改善や解決をしてゆけばよいのだ。本当にダメなのは、ダメであることを見ない、もしくは見ないふりをして目を閉じてしまうことである。

そんな思いで本書を書き始めた。そして書き進めながら、自分はつくづく「テレビが好きなんだなぁ」と実感していた。そんな意味で、本書はテレビへの応援歌、ラブコールなのだ。

「ダメな子ほどかわいい」と言うが、そんな感じだろうか。

番組作りが好きで、テレビが好きで、だからこそいまのテレビの「体たらく」に対しては「しっかりしろよ！」と叱りたいのだ。

番組もテレビも人間が作り出すもの。だからそこには、善があれば悪もある。長所があれば短所もあるし、清や濁があってしかるべきだ。

だからこそ、テレビはおもしろいのだ。

＊本書の刊行にあたっては、ポプラ社の碇耕一さんに企画段階からたくさんのご尽力をいただきました。末筆ながら御礼を申し上げたいと思います。また鼎談に参加してくれたテレビ東京の伊藤隆行さん、東京ビリビリ団の村上徹夫さんは、テレビ存亡論の片棒をかつぐかもしれないのによく快く引き受けてくれた。その「勇気」と「懐の深さ」に敬意を表して、感謝したい。また、宣伝に協力してくれた高橋弘樹さん、取材に応えてくれた方々、情報やデータの提供をしてくれた多数の協力者にこの場を借りてお礼を言いたい。みなさん、ありがとうございました。

２０２３年12月
田淵俊彦

田淵俊彦

たぶち・としひこ

1964年兵庫県生まれ。慶應義塾大学法学部を卒業後、テレビ東京に入社。世界各地の秘境を訪ねるドキュメンタリーを手掛けて、訪れた国は100カ国以上。一方、社会派ドキュメンタリーの制作も意欲的に行い、「連合赤軍」「高齢初犯」「ストーカー加害者」などの難題にも挑む。ドラマのプロデュース作品も数多い。2023年3月にテレビ東京を退社し、現在は桜美林大学芸術文化学群ビジュアル・アーツ専修教授。「ドキュメンタリー論」「映像デザイン論」「映像制作(ドラマ)」「映画演出研究」などの講義を担当している。

著書に『弱者の勝利学 不利な条件を強みに変える〝テレ東流〟逆転発想の秘密』『発達障害と少年犯罪』『ストーカー加害者 私から、逃げてください』『秘境に学ぶ幸せのかたち』など。

日本文藝家協会正会員、日本映像学会正会員、芸術科学会正会員、日本フードサービス学会正会員。

「映像の無限のチカラ」を実践するために、映像を通じてさまざまな情報発信をする、株式会社35プロデュースを設立した。

HP: https://35produce.com/

カバーデザイン・本文フォーマット・図版　bookwall

鼎談原稿協力　長谷川華(はなぱんち)

鼎談写真　生井弘美

ポプラ新書
252
混沌時代の新・テレビ論
ここまで明かすか！ テレビ業界の真実
2024年1月9日 第1刷発行

著者
田淵俊彦
発行者
千葉 均
編集
碇 耕一
発行所
株式会社 ポプラ社
〒102-8519 東京都千代田区麹町 4-2-6
一般書ホームページ www.webasta.jp
ブックデザイン
鈴木成一デザイン室
印刷・製本
図書印刷株式会社

N.D.C.360/299P/18cm ISBN978-4-591-18029-7

P8201252